数学文化透视 2

——文学、游戏、轶事撷趣

汪晓勤 著

上海科学技术出版社

图书在版编目（CIP）数据

数学文化透视. 2，文学、游戏、轶事撷趣 / 汪晓勤著. -- 上海 : 上海科学技术出版社, 2025. 6. --（砺智石丛书）. -- ISBN 978-7-5478-7177-5

Ⅰ. 01-49

中国国家版本馆CIP数据核字第2025VJ7863号

数学文化透视 2——文学、游戏、轶事撷趣

汪晓勤　著

上海世纪出版（集团）有限公司
上 海 科 学 技 术 出 版 社　出版、发行
（上海市闵行区号景路159弄A座9F-10F）
邮政编码 201101　www.sstp.cn
江阴金马印刷有限公司印刷
开本 787×1092　1/16　印张 14.375
字数 160千字
2025年6月第1版　2025年6月第1次印刷
ISBN 978-7-5478-7177-5 / N · 298
定价：89.00元

序一

数学文化，主要讲述数学的历史、思想、方法、精神，以及数学与人类其他知识领域之间的关联，如数学与自然、数学与生活、数学与科技、数学与历史、数学与文艺、数学与建筑、数学与游戏，等等。近年来，数学文化以其独特的教育价值日益受到我国数学界的重视：高校以及部分中学“数学文化”课程的设置，“数学文化”刊物的出版，全国性学术会议的增多，可见数学文化已经融入数学教学的领域。

本书作者为华东师范大学汪晓勤教授，他博学多才，长期担任“数学文化”选修课的教学工作。2008 年，华东师大在国内率先将“数学文化”课程纳入文科生“通识限选课程模块”之中。展现在读者面前的这本书正是他多年来潜心学习和思考的结果。本书力图通过数学文化的宣扬来改变大中学生乃至公众的数学观，激发他们的数学兴趣，提高他们的数学素养和数学鉴赏力，让他们感受数学文化的魅力。

与国内已有同类书不同，本书力求通俗、趣味、广博，寻求数学与文化之间的平衡点。其基本特点是：

- 通俗：让没有学过微积分的学生看得懂书中的数学内容并领略微

积分的神奇价值。

• 趣味：尽量选择能引起学生兴趣的材料。

• 广博：通过数学与自然、数学与人文、数学与建筑、数学与文学艺术等具体的专题来呈现数学与其他知识领域之间的关联，显示出数学的魅力和价值。

相信本书的出版对于数学文化的传播、高校数学文化课程的建设，以及数学文化与数学教育关系的研究都将起到积极的作用，特此为序。

中国科学院计算数学研究所研究员，中国科学院院士

序二

月前游学沪上，在华东师大闵行校区的漂亮校园里见到多年未面的汪晓勤博士，他早已是这所名校的数学教授和数学教育学科的带头人了。言谈中晓勤提到，在多年讲授相关课程的基础上，最近完成了一部有关数学文化的书稿，问我能否为它写点什么。晓勤曾于20世纪90年代末在中国科学院自然科学史研究所攻博，他在数学史这一行当中的“辈分”却不容小觑——原杭州大学著名数学史家沈康身先生是他的硕士指导教授，而沈先生向来以治学严谨和课徒严厉闻名。我了解晓勤的学术功底和为人做事的认真，最近几年不断在学术刊物上读到他的精彩文字，尤其是涉及晚清以来渐为国人知晓的那些中外数学人物，如伟烈亚力、罗密士、德摩根、艾约瑟、毕欧、华里司、华蘅芳、李善兰等，还有许多隐身其后的有趣故事，那些恰好也是我所关注的题材。有了这两层意思在里面，作序的事情就应承下来了。

及至读到晓勤发来的PDF文档，我才意识到这不仅仅是个朋友间的信任与情分问题。花了一整个周末的时间将文稿通读一遍，内心竟浮现出一种被抛出兔子洞后的爱丽丝一般的感觉：里面的世界太奇妙了，而在那些光怪陆离的角色和故事背后，隐隐然地透出逻辑和秩序。

讲到数学文化，就不能不提及美国数学史家莫里斯·克莱因的《西方文化中的数学》，这是一部堪称经典的学术著作，不但受到包括中国在内的世界读者的欢迎，在国际学术界（科学史、文化史、艺术史）也享有一定的声誉。另一种带有文化韵味的数学读物就是种种以"趣味"为招牌的作品，此中的翘楚当首推马丁·加德纳的数学小品，他在《科学美国人》上开设的"数学游戏"专栏在长达24年的时间里风靡欧美；在中国，谈祥柏老先生的文章和图书也有很大的影响。

读者们手头的这本书，就是介于克莱因与加德纳之间的作品。

首先，晓勤充分照顾到学术性的标准，不但对重要的引文和必要的参考文献注明了出处，还在每章之末提供若干可供读者思考和练习的"问题研究"，以名人嘉言为章首题献的做法则与克莱因一脉相承。尽管出版社方面坚持普及性第一的要求，作者那根深蒂固的学院做派在书中还是随时表现出来，如对一些著名问题的历史陈述（"约瑟夫问题"、斐波那契数列、黄金分割法等），对一些"非著名"数学家事迹的发掘（华里司、罗比逊、普雷费尔等），对中外重要文献的引证（当页脚注和书末参考文献），对重要原文的说明或翻译（塔塔格里亚的三次方程求根诗，以及题为"数学与诗"那一节中众多由作者亲自翻译的诗歌等），就都是突出的例子。

其次，该书的趣味性也是毋庸置疑的，尤其是那些精美的插图，包括照片、卡通、书影、图案、美术作品等，配合文字发挥了很好的渲染效果，而晓勤对集邮的爱好在这方面更起到了锦上添花的作用。他所使用的邮票，多与书中的人物或数学内容相关，有些罕见的邮品在令人惊叹之余，不禁让人想到科学文明是全人类共同财产这一隽永的话题。举例来说，通过阅读书稿，我才知道非洲小国多哥竟然发行过以我国元代算书《四元玉鉴》为主题的邮票，上面还用中文注明“零与负数的观念”和“算筹十进位法”；太平洋上的岛国密克罗尼西亚也曾以刘徽“割圆术”为题发行邮票，其上的英文写着“公元三世纪对 π 值的计算”和“刘徽的《九章算术》(应为《九章算术·注》)，公元 264 年（应为 263 年）”；几内亚比绍则发行过利玛窦与徐光启的邮票。至于书中引用的世界各国发行的其他涉及数学题材的邮品，诸如展现对称概念的蝶翅、兽角、昆虫、禽鸟、雪花、晶体等，对毕达哥拉斯定理的表现、叶瓣契合斐波那契数的花卉、有关黄金分割的建筑、莫比乌斯带的种种造型等，真是琳琅满目、异彩纷呈。

我最看重的还是这部书稿的思想文化内涵，其中充满了能够“唤起心智，澄净智慧”和“涤尽我们有生以来的蒙昧与无知”（普利克鲁斯语）的东西。法国昆虫学家法布尔与数学的遭遇就是一个生动的例子：他阴错阳差地成了别人的数学辅导员，不得已偷出老师的参考书来恶补，神不知鬼不觉地对数学有了领悟，后来还在蜘蛛网的形状中发现了神奇的数字 e（自然对数的底）。艺术与数学的关系，特别是文艺复兴盛期兴起的透视法为西方绘画艺术带来的革命性转变，早已是一个脍炙人口的议题，这里不妨一笔带过。值得注意的是，书中有一节专门介绍政治人物与数学的关系，出场的角色有林肯、杰弗逊、加菲尔德、拿破仑、戴高乐等；拿破仑三角形和洛林十字架这两个数学问题更是令人印象深刻。还有一章（第 6 讲[1]）则专门介绍文学家与数学的缘分，涉及的人物有斯威夫特、狄更斯、卡莱尔、柯南·道尔、司汤达、雨果、爱伦·坡、列夫·托尔斯泰、陀思妥耶夫斯基、

1 此次分两册出版，第 6、7、8、9 讲分别为《数学文化透视 2》的第 1、2、3、4 讲。

扎米亚金、金庸等；两栖人物道奇森（即刘易斯·卡洛尔）的爱丽丝系列和阿博特的《平面国传奇》，其中蕴涵的丰富数学思想都得到了很好的解读。另有一章（第7讲）专门讲述数学“民科”即被晓勤称为“五好牌”（指“好奇”“好胜”“好高”“好名”“好奖”者）们的悲喜剧，读来忍俊不禁，不过千百年来发生的故事时时还在我们身边重现。

这就是摆在你眼前的《数学文化透视》，尝试着从头读起吧。相信你一定能从中获益，无论自己过去对数学的看法如何——是爱，是畏，还是恨。

中国科学院自然科学史研究所研究员　刘钝

于北京中关村梦隐书房

目录

前言

在一百多年前的一部英国小说《马库斯·奥德尼的道德》中，曾在中学教过数学的主人公马库斯·奥德尼这样评价数学：

> 我年轻时曾在学校里混饭吃，教孩子一门最无用、最灾难性的、最禁锢心灵的学科，教师们无情地、愚蠢地损坏了无数同类的头脑，损毁了无数同类的生命，它就是初等数学。上帝的地球上没有任何人有任何理由去熟悉二项式定理和三角形的求解，除非他是职业科学家……回想起那些为了面包而滥用智力去浪费天真无邪的孩子们的宝贵时光的日子，我感到羞愧和堕落，他们本可以学习如此多美丽而有意义的东西，而不是这门完全无用的、不近人情的学科。他们说，它训练头脑——它教会孩子思考。其实不然。事实上，它是一门枯燥乏味的学科，易于用作学校课程。其神圣不可侵犯性为教育家们省却了巨大的麻烦，它的主要用处便是让没有头脑的年轻人大学毕业后不诚实地混饭吃。他们把这

门学科教给其他人，而其他人又把它教给下一代。[1]

奥德尼最终以“伯父全家在地中海遇难”为由，向“又矮又胖、丑得像欧几里得《几何原本》中的图形一样”的校长递交了辞呈。《几何原本》中的图形怎么啦？

一名数学教师尚且如此看待数学，更何况一般公众呢？英国学者赫佩尔（G. Heppel）曾在宣读于1893年改进几何教学协会会议的一篇论文中，引用下面的诗句来说明人们对枯燥乏味的数学课本的嘲讽[2]：

如果又一场洪水暴发，
请飞到这里来避一下，
即使整个世界被淹没，
这本书依然会干巴巴。

《圣经》中所讲的那场洪水能够淹没整个世界，却未能浸湿我们的数学书，这是对数学多么辛辣的讽刺！斗转星移，沧海桑田，世界已不是百年前的世界，数学也不是百年前的数学，但世人对数学的印象却似乎并未改善。

今天，对于不少学生来说，苦游题海、备战高考的岁月并未给他们带来多少快乐的数学学习体验。一位文科生撰写打油诗一首，表达对数学的厌恶和恐惧：

凌晨三点起，星月来伴我。
问我为何愁，双眉深深锁。

1 Locke W J. *Morals of Marcus Ordeyne*. New York: Grosset & Dunlap Publishers, 1906: 244–245.

2 Heppel G. The use of history in teaching mathematics. *Nature*, 1893, **48**: 16–18.

> 术语乱如麻，公式爪哇国。
> 失足落陷阱，错题一大箩。
> 头昏又脑涨，心惊胆且破。
> 数学不爱我，无情相折磨。

另一位文科生如是写道——

> 面对一大堆数学符号，犹如面对奇形怪状的石头。相对无言，唯有汗千行。从此，数学一病不起，在我的世界中永远如同患了痨病一般，无药可治得让我深恶痛绝，想的最多的就是赶紧逃离与它有关的世界……数学，想说爱你不容易。

在他眼里，数学就像一堆奇形怪状的石头，丑陋、生硬、冰冷、毫无生机。不只是他，谁又会喜欢这样的数学呢？

笔者曾经对选修“数学文化透视”（公共选修课）和“数学文化”（文科通识限选课）的部分学生做过一项调查，目的是了解他们对数学的看法。调查表明，相当一部分文科生和绝大多数艺术类学生看待数学的消极程度并不亚于马库斯·奥德尼。从调查结果来看，学生的数学观有以下特征。

除却考试无所用

所有学生心目中的数学都深深刻上了考试的烙印。许多学生觉得数学不过是一门用于考试的学科而已。一位来自工商管理系、中学时代十分喜欢数学的同学这样写道：“我心目中的数学只是一个神奇的谜，在它面前，我一直都是一只井底之蛙，因为我看到的仅仅是数学试卷上老师批的分数，一些让我欢喜让我忧的数字。”另一位来自经济系、中学时代数学成绩很不错的同学如是说："我对数学的认识全部来自课堂，它给我带来最大的效用就是能应付考试。没有了考试，我不知道它还能不能吸引我。"

一名英语系学生认为，"以前在小学、中学，不论是老师还是学生，都把数学当作一种算的学科，十分强调解题和运算，搞题海战术，至于数学到底学来干嘛，很多人都不清楚。因为老师上课不讲，只讲题目；学生也不去深究，只当它是个跳板，一块敲门砖，只要学好了，就能够跳进重点小学、中学，就能够敲开名牌大学的大门。在这样的教学模式下，数学被肢解了，被功利化了，数学的精神和思想被忽略或是扭曲了。这是数学的悲哀！"

被动学习成负担

不少学生的学习是被动的。一位来自英语系的学生这样写道："对于数学，我只有死做题目的份：高中实在出于无奈，要不是老师的'严刑逼迫'，我才不会去做那高强度的《一课一练》。"一位来自中文系的学生多少带点偏激地写道："初涉数学时，我不过如靖节先生所言般因役于口腹、从于人事而不得已为之。从小学到高中，在我看来，数学不过是升级、升学的一项负担、一条枷锁……过去中小学的数学教育只是让数学如童养媳般跟随他人左右，若非有父母之命在身，肯定会被一脚蹬掉！"

数学之美何处在

部分学生感受不到数学美。一位来自政治学与行政学系的学生写道："有人说，数学蕴含着浓郁的诗意，然而这并不是任何人都能体会到的。面对一个公式或一个理论，训练有素的数学家和物理学家常常发出‘美丽’的感叹，而对于不谙此道的普通人来说，却不过是一组无意义的符号。我深深感到自己永远也无法达到那个境界了。”一名来自英语系的学生如是说：“从初中开始，就经常听数学老师说‘数学是很美的’。可说实话，我从来没有体会到数学究竟有多美。我对数学的印象也就是数字+符号+定理、公式+草稿纸+埋头苦算。有时还真对陈景润能否沉浸于旁人看来枯燥乏味的演算中产生疑惑，数学真有那么大魅力？……我从来未曾因看到某一定理、某一公式的美丽而欣喜，实在是没有人给我打开过那扇通往数学之美的大门。”

回首难拾自信心

一些学生虽如愿以偿跨进大学门槛，可是对于数学的自信心早已荡然无存。一名来自英语系的女生这样描述自己学习数学的经历：“小时候，我心中的数学是彩色的，由各色各样的模型和图片组成，可以触摸。它藏在我的玩具中，我的连环画册里，我的衣服上……后来我上学了，小学、初中时，数学对我来说是红色的。自从被灌了许多定理公式之后，它又换了一副面目出现在我的生活中，在课本、练习和试卷上。我不得不放弃儿时的诸多关于数学的遐想，转而以毕恭毕敬的姿态迎接它。然而我的心灵从此却受到了压抑，数学的形象被一个个红色的叉叉给扭曲了。每个等号后面仿佛是无底的深渊，问号在威逼利诱我跳下去，而我却总是躲在悬崖边战战兢兢，冒汗发抖，仿佛眼前已浮现出红灯的幻影。这一片红色怎能叫我不紧张呢？高中时，数学对我来说是黑色的。高中的数学老师光溜溜的脑袋里蕴藏着哲学的智慧。他在对数学归纳法概括的那句‘有限的生命可以做无限的事’使我更加确定了数学天生的哲学气质，如同适合穿黑色晚礼服的人的庄重。然而我有限的智慧阻止了我进入那片深邃而神圣的宇宙。我身困填鸭式的题海中，并且丧失了辨别方向和游泳到岸边的能力。高考试卷上虚妄的分数对我只是一种嘲弄。其实我根本不懂数学，不懂数学的思维方式，那对我而言永远是可望而不可即的黑色，即使我身陷其中，也是浑然无知的。”

毋庸讳言，在数学文化课上，我们不得不面对许多厌恶数学、害怕数学、持有消极数学观的文科生。因此，我们为“数学文化”课程设定了五个目标。

改变一种印象

美国数学家和数学史家克莱因（M. Kline, 1908—1992）早在 1986 年就批评过数学教学:“各级各类小学、中学、大学都把数学作为一门孤立的学科来讲授，而很少将其与现实世界联系起来。”[1] 事实上，学生对数学的刻板印象多半源于我们的数学教学。

在本书第 1 讲，我们将通过自然界中的对称现象与斐波那契数列现象、蜂房问题等来说明数学在自然界中的普遍存在性；在第 2 讲，我们将通过一些典型数学定理的起源与应用，说明数学与人类文明的密切关系；在第 3 讲，我们从欧拉公式出发，介绍其中三个常数 π、e 和 i 的历史以及它们在不同知识领域的应用。

我们希望通过这些中小学课堂鲜有涉及的内容的讲解，消除学生心目中对数学的消极印象。

架设一座桥梁

比利时－美国著名科学史家萨顿（G. Sarton, 1884—1956）曾指出：

1 Pace E. Obituary: Professor Morris Kline. The New York Times, June 10, 1992. http://www.marco-learning systems.com/pages/kline/obituary.html.

剑桥大学的“数学桥”

“在旧人文主义者和科学家之间只有一座桥梁，那就是科学史，建造这座桥梁是我们这个时代的主要文化需要。”[1]类似地，我们也可以说，在数学和人文、艺术之间也只有一座桥梁，那就是数学文化，建造这座桥梁是当今大学生文化素质教育的需要。

中学的数学教育往往筛去了“文化”，只留下“技术”；数学与人类其他知识领域之间的关系更是无人问津。美国学者毕德维尔（J. Bidwell）打了这样的比喻：“在课堂里，我们常常这样看待数学，好像我们是在一个孤岛上学习似的。我们每天一次去岛上学习数学，埋头钻进一个纯粹的、洁净的、逻辑上可靠的、只有清晰线条而没有肮

1 萨顿．科学史与新人文主义．陈恒六，等，译．上海：上海交通大学出版社，2007: 51.

脏角落的书房。学生们觉得数学是封闭的、呆板的、冰冷无情的、一切都已发现好了的。”[1]

本课程的目标之二是在数学与人文、艺术领域之间架起一座桥梁。在第 4 讲，我们从规则的几何图形、比例、对称性、二次曲面等方面来揭示数学与建筑之间的关系。在第 5 讲，我们将介绍文艺复兴时期西方的透视画以及荷兰艺术家艾舍尔（M. C. Escher, 1898—1972）的作品；第 6 讲，从文学作品中的数学主题、文学中的数学方法、文学家与数学、数学家与文学等方面讲述数学和文学之间的密切关系。

提高一点素养

某报实习记者在题为《我证明了费马大定理，谁来证明我》的报道中，用下面的文字来引入主人公方友法“解决”费马大定理的故事：

> 17 世纪中期的一天，法国著名数学家费马由于失恋想自杀，时间定于晚上零点。离自杀还有几小时，他随手拿起了一本前人的数学专著，翻到“将一个高于 2 次的幂分为两个同次的幂，这是不可能的”的结论时，觉得并不正确，他想把自己的思维记录下来，但偏偏身边没有纸，只能写在书的空白处，而书的空白处又写不下，于是他只好不无遗憾地写道：关于此，我确信已发现美妙的证法，可惜这里空白的地方太小，写不下。
>
> 写下这些后，费马发现原定的自杀时间已过，他就不再自杀。但事后，他自己也想不起那美妙的证法了……

1 Bidwell J K. Humanize your classroom with the history of mathematics. *Mathematics Teacher*, 1993, **86** (6): 461–464.

从事律师职业、兼任图卢兹议会议员的费马（P. de Fermat, 1601—1665）酷爱数学，仕途顺利，何曾想过轻生？“将一个高于 2 次的幂分为两个同次的幂，这是不可能的”这个命题正是费马大定理，是费马读了丢番图（Diophantus）《算术》之后提出的，丢番图何曾提过？难道费马觉得“费马大定理”不正确？可见，尽管整篇报道讲费马大定理，但作者根本不知道费马大定理为何物。这位实习记者的数学和数学史知识严重匮乏，使得这篇长篇报道成为一则笑话。

本课程的第三个目标是提高文科生的数学文化素养。第 7 讲为这一目标服务，讲述古往今来那些试图解决古希腊三大难题的“五好牌”们的悲剧性故事。

增添一分趣味

马克・吐温（Mark Twain, 1835—1910）说过：“工作是一个人被迫去做的事情，而玩耍则不是他非做不可的事情。”[1] 为什么趣味数学伴随着数学的发生古已有之？原因很简单：喜欢游戏是人类的天性，游戏是无须被迫去做的。换言之，人类对于游戏有着自然的兴趣。德国教育家迪斯特韦格（F. A. W. Diesterweg, 1790—1866）曾经指出：“兴趣会促进一个人的较大的爱好，唯有有教养的人才能领会兴趣，兴趣按其本身来说能促进培养。教师要有熟练的技巧来活跃课堂教学，引起学生的浓厚学习兴趣，因为兴趣会使学生自然而然对真善美产生乐趣，并会使学生心甘情愿追求真善美。”[2]

---

1 If he had been a great and wise philosopher, like the writer of this book, he would now have comprehended that Work consists of whatever a body is *obliged* to do, and that Play consists of whatever a body is not obliged to do. In: Twain M. *The Adventures of Tom Sawyer*, New York: Harper and Brothers, 1903: 34.

2 第斯多惠 . 德国教师培养指南 . 袁一安，译 . 北京：人民教育出版社，2001.

增加数学的趣味性，让学生对数学产生兴趣，是本课程的第四个目标。第 8 讲介绍历史上一些典型的趣味数学问题。摆渡问题家喻户晓、妇孺皆知；数字棋作为“哲学家的游戏”，曾长盛不衰数百年；约瑟夫问题源自生死攸关的战争故事；三罐分酒问题让一个孩子初尝成功体验，深深爱上数学；十五子戏广为流传，成了人类痛苦的渊薮；梵天塔问题带着古老神话的神秘，依然是我们今天数学教学的素材；蜘蛛与苍蝇问题挑战我们的直觉；关系问题训练我们的逻辑思维能力；几何谬论则激发我们的好奇，引发我们的探究。

趣味数学问题将让我们感受到数学的无穷魅力。

传递一缕书香

历史上，无数先哲为我们留下了宝贵的精神财富。本课程的第五个目标便是向学生传递数学背后的人文精神。在第 9 讲，我们将穿越时空，奔赴与数学先哲的心灵之约，聆听他们平凡而又不凡的故事。

追求真理、放弃财产的阿那克萨哥拉，在铁窗下依然做着数学研究；家境贫寒、身为书童的拉缪斯挑灯夜读、自强不息、九年磨砺，终获硕士学位；挑战世俗、筚路蓝缕的索菲·热尔曼在墨水结冰的冬夜依然勤学不怠；少年失学、三载学徒的华里司不向命运低头，焚膏继晷，终成大学教授；初识西学、茫然不解的华蘅芳潜心学习，最终领悟微积分的奥妙；出生文科、害怕数学的法布尔知难而进，在壁炉的火光下度过一个又一个钻研数学的不眠之夜……先哲们的勤奋和执着，他们对真理和美的不懈追求，他们对权威的怀疑和挑战，无不是数学精神的一部分。

M. 克莱因曾指出，历史上数学家所遇到的困难，正是今日课堂上学生所遇到的学习障碍，[1] 英国数学史家福弗尔（J. Fauvel，1947—2001）曾总结数学教学中运用数学史的理由，其中有“使学生感到数学不那么可怕”“使学生获得心理安慰”以及“改变学生的数学观”[2]。美国学者琼斯（P. S. Jones, 1912—2002）认为，数学史的用途之一是向学生揭示概念的困难与阻碍进步的错误[3]。在本讲最后，我们将通过数学史上的若干谬误，揭示数学活动的庐山真面目，告诉学生，数学不过是人类的一种文化活动，数学学习和数学研究都会遭遇困难、挫折、失误和失败。

现在，且让我们走进精彩纷呈的数学文化世界。

---

1 Kline M. A proposal for the high school mathematics curriculum, *Mathematics Teacher*, 1966, **59** (4): 322–330; Kline M. Logic versus pedagogy. *American Mathematical Monthly*, 1970, **77** (3): 264–282; D. Albers J, Alexanderson G L. (eds.). *Mathematical People: Profiles and Interview*, Boston: Birkhäuser, 1985: 171.

2 Fauvel J. Using history in mathematics education. *For the Learning of Mathematics,* 1991, **11**(2): 3–6.

3 ANON. The dangerous hole of zero. *HPM Newsletter*, 2001 (46): 2–3.

第 1 讲

跨越鸿沟

数学和文学乃是互补的事业，数学代表着收敛的创造性，文学代表着发散的创造性。

——马丁·迪克（1977）

在今天看来，数学和文学似乎是相互对立的两个学科，分属英国学者斯诺（C. P. Snow, 1905—1980）所说的“两种文化”，但如果翻开文学史的画卷，我们会发现：数学常常为文学家所利用；一些数学家同时也是作家或诗人；一些作家热爱数学，并对数学教育做出过贡献。

1.1 数学主题

早在公元前 5 世纪，古希腊喜剧作家阿里斯托芬（Aristophanes）在其剧本《鸟》（最早上演于公元前 414 年）中提到，天文学家默冬（Meton）用直尺和圆规作出某个图形，“使圆变成了正方形”。尽管实际上默冬并非在化圆为方，而只是将圆四等分，但阿里斯托芬至

图 1-1 阿里斯托芬

少告诉我们一个信息：化圆为方问题在他所生活的时代已经广为人知了[1]。

古希腊另一几何难题倍立方问题的起源则是古代某个悲剧诗人在其作品中给出的一个故事：米诺斯（Minos）为海神格劳克斯（Glaucus）修建了一座坟墓，但他对坟墓边长 100 英尺感到不满意。于是米诺斯错误地说，必须将边长增加一倍，以便把坟墓造得两倍大[2]。

19 世纪，英国著名作家查尔斯·狄更斯（Charles Dickens, 1812—1870）在其《艰难时世》（1854）中利用比例来刻画国会议员葛擂硬的“事实”哲学。葛擂硬口袋里“经常装着尺子、天平和乘法表，随时准备称一称、量一量人性的任何部分”，一切都“只是一个数字问题、一个简单的算术问题”[3]。他在焦煤镇办了一所学校，实施“事实”教育。西丝·朱浦，一位马戏团丑角的女儿，在这所学校接受教育。以下是第 9 章中西丝和葛擂硬的大女儿露意莎——一个被她父亲强迫嫁给比她大 30 岁的焦煤镇银行家庞得贝的悲剧性人物——之间的对话：

“你不知道，”西丝几乎哭着说，“我是多么愚蠢的女孩。在学校里我总是出错。麦却孔掐孩先生和他的太太让我站起来回答问

1 Heath T L. *A History of Greek Mathematics*. London: Oxford University Press, 1921: 220–221.

2 Heath T L. *A History of Greek Mathematics*. London: Oxford University Press, 1921: 245.

3 狄更斯 . 艰难时世 . 全增嘏，胡文淑，译 . 上海：上海译文出版社，2008.

题，我一次又一次出错。我对他们毫无用处。他们似乎对我已经习以为常了。”

“我想，麦却孔掐孩先生和他的太太是从来不会出错的，是吗，西丝？”

“哦，从不出错！”她急切地回答说，“他们什么都知道。”

“跟我讲讲你的错误吧。”

“我简直羞于启口，”西丝不太情愿地说，“今天，麦却孔掐孩先生向我们解释什么是‘自然的（Natural）繁荣’。”

“我想一定是‘国家的（National）繁荣’吧。”露意莎说道。

“是是，是国家繁荣。——但不都一样吗？”她胆怯地问。

“你最好说‘国家’（National），像他说的一样。”露意莎以她干巴巴的矜持态度说道。

“那就说国家的繁荣。他说，现在，比方这个教室就是一个

图1-2　狄更斯及其小说中的场景（安提瓜，1970）

国家。在这个国家里，有五千万金镑。这是不是一个富裕的国家呢？二十号女孩，这是不是一个富裕的国家，你是不是生活在一个繁荣的国家里呢？”

“那你怎么说？”露意莎问道。

“露意莎小姐，我说我不知道。我当时想，我是不可能知道这个国家是不是富裕、我是不是生活在一个繁荣国家里的，除非我知道谁拥有这些钱，是不是有一些属于我。但这与那个问题无关，答案根本就不在这个数目里。”西丝一边擦眼泪一边说道。

“这你就大错特错了。”露意莎说。

“是的，露意莎小姐，我现在明白我是错了。然后麦却孔掐孩先生说他要再考考我。他接着说，这个教室好比是个大城市，有100万居民，一年之中，只有25人饿死在街头，你对这个比例有何评论？我的评论是——因为我也想不出更好的了——我觉得这对那些饿死的人太不公平了，不管其他人有100万也好，有100万的100万也好。结果我又错了。”

“当然错了。”

“然后麦却孔掐孩先生说，他要再次考考我。他说，这里是口吃（Stutterings）——”

“是统计（Statistics）。”露意莎说。

“是的，露意莎小姐——它们常常让我想起口吃（Stutterings）。这是我的另外一个错误——关于海难。麦却孔掐孩先生说：在一个给定的时间里，10万人航行出海，他们当中只有500人淹死或烧死。百分比是多少？我回答说，小姐，”说到这里西丝悔恨万分，呜咽着承认她犯了大错，“我说，什么都没了。”

“什么都没了，西丝？”

“对死者的亲属和朋友来说，什么都没了，小姐，”西丝说，“最糟糕的是，尽管我可怜的父亲寄我以厚望，尽管我因此也急于学习，但恐怕我并不喜欢。”

这里，狄更斯借西丝的“错误”，对葛擂硬的“事实”哲学进行了辛辣的讽刺和批判。

图 1-3 刘易斯 · 卡洛尔

查尔斯 · 道奇森（Charles Dodgson, 1832—1898）是维多利亚时代牛津大学基督堂学院的一位数学讲师，笔名刘易斯 · 卡洛尔（Lewis Carroll）。基督堂学院院长利德尔（H. Liddell, 1811—1898）的女儿爱丽丝 10 岁时请求卡洛尔为她写一部爱丽丝的冒险故事。这便是《爱丽丝漫游奇境记》（1865）和《爱丽丝镜中奇遇记》（1871）的缘起。维多利亚女王深深为爱丽丝的故事所迷，她对下人说：以后凡是卡洛尔写的书，都要送给她看。谁知，卡洛尔的下一本书竟是《行列式初论》，可想而知，女王是多么的惊讶和失望！

图 1-4 《爱丽丝漫游奇境记》（英国，1979）

在《爱丽丝漫游奇境记》和《爱丽丝镜中奇遇记》中，卡洛尔利用怪诞的数学和逻辑来反映“表面上看起来毫无意义的世界里人类的荒谬状态”[1]。还有人说，爱丽丝在奇境中的许多场合里都不过是一张在不同变换之下保持不变性质的几何图形而已[2]。

爱丽丝掉进兔子洞之后，为了检验自己是否还记得以前知道的事情，就背起乘法口诀来："四乘以五等于十二，四乘以六等于十三，四乘以七等于……啊，天啊！照这么背下去，永远也到不了二十啦！"[3]真的到不了二十吗？我们检验一下：

$4\times 5=1\times 18+2=12_{18}$（18 进制），

$4\times 6=1\times 21+3=13_{21}$（21 进制），

$4\times 7=1\times 24+4=14_{24}$（24 进制），

$4\times 8=1\times 27+5=15_{27}$（27 进制），

$4\times 9=1\times 30+6=16_{30}$（30 进制），

$4\times 10=1\times 33+7=17_{33}$（33 进制），

$4\times 11=1\times 36+8=18_{36}$（36 进制），

$4\times 12=1\times 39+9=19_{39}$（39 进制），

$4\times 13=1\times 42+10=110_{42}$（42 进制），

…………………………………………

果不其然，永远不会出现 20。

爱丽丝和帽子匠、兔子之间的对话如下。

---

1 Pycior H M. Mathematics and prose literature. In: Grattan-Guinness I (ed.). *Companion Encyclopedia of the History and Philosophy of Mathematical Sciences*(Vol.I), Lodon: Routledge, 1994.

2 Buchanan S. *Poetry and Mathematics*. Philadelphia: J. B. Lippincott Company, 1962.

3 卡洛尔 . 爱丽丝漫游奇境记 . 贾文浩，等，译 . 北京：北京燕山出版社，2001: 12.

爱丽丝："至少——至少我说的就是我心里想的——反正是一码事，你知道了吧！"

帽子匠："你还不如说：'凡我吃的，我都看得见'跟'凡我看得见的，我都吃'也是一码事呢！"

兔子："你也不如说：'凡我得到的，我都喜欢'跟'凡我喜欢的，我都得到'也是一码事！"

这里，为什么帽子匠和兔子说得不对呢？如果我们把帽子匠和兔子的说法表达成命题，那么帽子匠将原命题"如果我吃一样东西，那么我就看得见它"和逆命题"如果我看见一样东西，那么我就会吃它"等价起来；兔子则将原命题"如果我得到一样东西，那么我就喜欢它"和逆命题"如果我喜欢一样东西，那么我就得到它"等价起来。原命题和逆命题不一定同时成立，帽子匠和兔子的话成了有趣的反例。

以下是《爱丽丝镜中奇遇记》第9章中爱丽丝、白棋皇后和红棋皇后之间的一段对话[1]：

"上课的时候不教礼仪，"爱丽丝说，"上课的时候教的是加减乘除这种东西。"

"你会算加法吗？"白棋王后问道，"那么，一加一加一加一加一加一加一加一加一加一加一加一加一加一等于几？"

"我算不出来，"爱丽丝说，"我数不清了。"

"她不会算加法，"红棋王后对白棋王后说，"你会算减法吗？八减九等于几？"

1　卡洛尔．爱丽丝漫游奇境记．贾文浩，等，译．北京：北京燕山出版社，2001: 172.

“八减九，我不会算，”爱丽丝脱口而出回答道，“可是……”

“她不会算减法，”白棋王后说，“你会算除法吗？一只面包除以一把刀子等于什么？”

“我想……”爱丽丝刚开口，红棋王后就替她回答了：“当然是面包和奶油了。再算另外一道减法题吧。一只狗减去一根骨头，等于什么？”

爱丽丝想了一下，说：“要是我把骨头拿走，那根骨头当然就没了，狗也没了，因为它会跑来咬我。我敢肯定，我也没了！”

“那么，你以为什么也没了？”红棋王后问道。

“我认为答案就是这样。”

“又错了，”红棋王后说，“那条狗的脾气还在。”

“可我看不出怎么……”

卡洛尔一生为儿童编了许多趣味数学问题。如[1]：

加法游戏：从 1 开始，两人轮流加上一个不超过 10 的正整数。谁先得到 100，就算胜方。如何获胜？

魔法数字：将 142857 依次乘以 2、3、4、5、6、7，得数是多少？（$142857\times2=285714$；$142857\times3=428571$；$142857\times4=571428$；$142857\times5=714285$；$142857\times6=857142$；$142857\times7=999999$）

卡洛尔更多的趣味问题我们将在第 3 讲中介绍。

去世四周前，卡洛尔还在日记中写道：“一直在思考寄自纽约的一个很吸引人的问题，凌晨四点才睡下。求三个面积相等的有理直角三角形。我找到了两个，即（20，21，29）和（12，35，37），但未能找

1 Watkins J J. Review of Lewis Carroll in Numberland: His Fantastical Mathematical Logical Life. *Mathematical Intelligencer*, 2009, **31**(4): 60–62.

出第三个。”[1] 他构造了一个童话世界，却终生生活在数学世界里。

另一位维多利亚时代的英国作家阿波特（E. A. Abbott, 1838—1926）是伦敦一市立中学的校长。他在数学幻想小说《平面国传奇》里，为我们虚构了一个社会等级森严的二维世界[2]：

平面国的性质

我把我们的世界称作平面国（Flatland），这并不是说我们自己如是称呼她，而是因为我想把她的本质更清楚地告诉给你——我快乐的、有幸生活在空间世界里的看官。

想象有一张巨大的纸，上有直线、三角形、正方形、五边形、六边形以及别的图形，它们不是各居其位，而是可以在面上自由走动，不过它们没有能力上升或下沉，这颇有点像影子，只不过它们是坚硬的，并且还带有发光的边缘。这下你对于我的国家和国民该有相当正确的了解了吧！啊哈！若干年前，我本该说“我的宇宙”，但现在我已经见过世面，对于事物已有更高的看法。

你马上就会看出：在这样一个国度，不可能会有你称为“立体”的任何东西；但我敢说：你一定会猜想我们至少总能区分四处行走的三角形、正方形以及别的图形。可是完全相反：我们根本无法区分两个不同的图形。对我们而言，除了直线以外什么都看不到；这一点我会很快证明给你看。

在空间里，在你的一张桌子中间放上一便士硬币，从上往下看，它是一个圆。

---

1 Wilson R. *Lewis Carroll in Numberl and: His Fantastical Mathematical Logical Life*. New York: W. W. Norton & Company, 2008: 149–170.

2 Newman J R (ed.). *The World of Mathematics* (Vol. 4). New York: Simon and Schuster, 1956: 2383–2396.

现在，退回到桌子的边缘；把头渐渐放低看（这样你就越来越像平面国的居民了），你会发现：硬币变得越来越椭了。最后，当眼睛与桌边齐平时（这时，你就像一个平面国居民了），你所看到的硬币就不再是椭圆形，而是一条直线了。

用同样的方法去看三角形、正方形，或别的什么图形，结果也是一样。一旦你从桌子的边缘去看它，你会发现它不再是一个图形，而是一条直线。以等边三角形——在我们这里代表商人阶级——为例。图 1（图 1–5）表示你从上往下看一个商人的形状。图 2（图 1–6）和图 3（图 1–7）表示你的眼睛越来越接近桌面，但还没有完全与桌面齐平时看到的商人的形状。如果你的眼睛完全位于桌面上（就像在我们平面国里看他一样），你就只能看到一条直线。

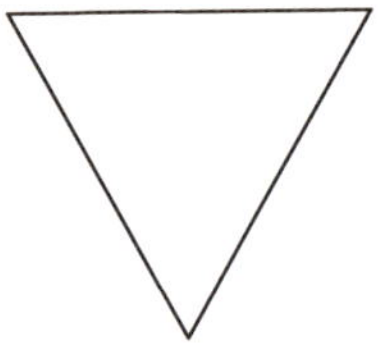

图 1–5　从上往下看到的等边三角形

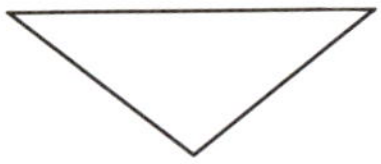

图 1–6　斜看等边三角形（一）

图 1–7　斜看等边三角形（二）

当我在空间世界上时，我曾听说你们的水手在海上航行，看到远处的海岛或地平线上的海岸线时，也有类似的经历。远处的陆地可能会有各种海湾、岬、突角等，但在远处你丝毫看不到这些（除非太阳光照射到其上，显示出投影或隐退处什么的），看到的只是一条灰色的、不间断的水上直线而已。

好了，这就是在平面国里，当一个三角形或其他熟人走近我们时，我们所见到的情形。由于我们既没有太阳，也没有别的可以产生阴影的光源，我们没有任何你在空间世界上所具有的可助视力的东西。如果我们的朋友走近我们，我们只能看到他的线变大；如果他离开我们，他的线变小：但他看起来仍像一条直线；不管他是三角形、正方形、五边形、六边形、圆，他看上去都是直线一条，而不是别的东西。

或许你会问：在这些不利的情况下，我们怎能区分出不同的两个朋友呢？这是个自然而然的问题。当我介绍完平面国居民之后，答案就很容易找到了。我们暂且不表这个问题，让我先说说我们国家的气候和房屋吧。

平面国的气候和房屋

和你一样，我们的指南针上也有北、南、东、西四个方向。

由于既没有太阳，也没有别的什么天体，我们不可能像通常那样来确定正北向。但我们有自己的方法。根据我们这里的自然规律，引力方向乃是朝正南的；虽然在适宜的气候下，这个引力很小——即使是一个健康的妇女，也能毫不费力地向北行走好几浪[1]远的路程——不过引力在我们的大部分地区足以充当指南针的角色。此外，雨（每隔一段时间下一次）总是来自北方，这是另一个有利条件。在城镇，我们建有房屋，房屋的围墙大部分当然是朝南北向而建的，屋顶可以挡住来自北方的雨。在没有房屋的乡间，树干充当了向导。总之，我们在确定方位时并没有你所预料的那样困难。

然而，在气候更加温和的地区，南向引力几乎感觉不到，如果我行走在荒原上，没有房屋和树木做向导，我常常被迫在原地

1 译者注："浪"是长度单位，1浪约为201米。

静候数小时，直到雨来了，才继续我的旅程。引力对于老弱者，特别是对于柔弱的妇女，要比对强壮的男性重得多，结果，如果你在街上遇见一位小姐，总是把北侧让给她——当你身体健康，且在不易辨别南北的气候里，急切之中做这决定远非一件易事。

我们的房子没有窗户；因为不论屋里屋外，也无论白天黑夜，不论何时何地，光线都同样照射，我们并不知道它来自何处。过去，“光是如何起源的”这个问题对于知识界而言是个十分有趣的且经常研究的问题。不断有人试图解决这个问题，结果，那些“可能的”解决者们都进了疯人院。于是国会立法，对那些研究者征收重税，试图以此来间接地阻止对该问题的研究。现在，我是平面国里唯一一个熟知这个神秘问题答案的人。然而，我不能让我的一个同胞明白我的知识。我是唯一有关空间真理以及光来自三维空间的理论的教授，人们嘲笑我，似乎我是疯子中的最疯者！且不提这个令人丧气的话题，让我回到房屋的话题来吧。

最常见房屋的形状是五边形，如附图（图 1-8）所示。北面的两边 OR、OD 构成屋顶，绝大多数房屋在这里没有门。东侧开一小门，供女性出入；西侧开一大门，供大男人们出入。南侧为地板，不设门。

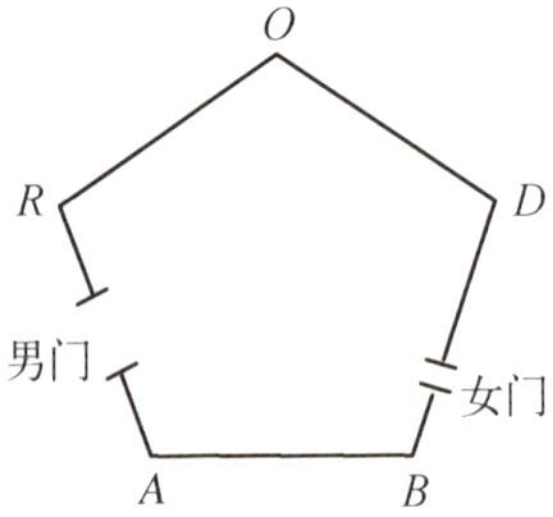

图 1-8　平面国的房屋

不允许建正方形和三角形房屋，原因是：正方形和正三角形的角比五边形的角更尖锐，而无生命物体的直线又比人的直线要暗淡，因此，正方形或三角形房屋的尖角会对突然跑向房子的那些粗心大意或心不在焉的行人构成严重伤害。因此，早在 11 世纪，法律就普遍禁止建三角屋，只有堡垒、军火库、兵营以及其他国家建筑物是例外，因为一般公众无须直接走近这些建筑。

这个时期，建正方形房屋仍是处处允许的，尽管国家要征收特别的税。但是，大约三个世纪后，法律规定：在人口超过一万的城镇里，为确保公众安全，最小的屋角必须是五边形的角。国会的努力得到了社会的支持；今天，即使是在乡下，五边形建筑已经取代了其他形状。现在，只有在一些十分偏远落后的农村地区，好古者才能偶然见到一座正方形房屋。

平面国的居民

平面国居民的最大长度或宽度大约在11英寸左右。12英寸则是最大值了。

我们的女性是直线。

士兵和最低等的工人阶级是等腰三角形，每条腰大约11英寸长。底边很短，常常不超过半英寸，因此顶角十分尖锐、吓人。的确，当底边不到$\frac{1}{8}$英寸时，他们和直线或女性简直无法区分。

中产阶级由等边三角形组成。

专业技术人员、绅士为正方形（我本人即属此类）和正五边形。

再上面是贵族，分好几个层次，最低层次是六边形，其余的边数依次增大，直到拥有正多边形的光荣头衔。最后，当边数变得很大很大，边长变得很小很小，以致整个图形变得与圆无异，他就进阶到圆形或僧侣阶级。这是地位最高的阶级。

我们有一个自然法则，男孩要比父亲增加一边，结果是每一代在地位上都要升一级。正方形的儿子是正五边形，正五边形的儿子是正六边形，依此类推。

图 1-9 阿波特

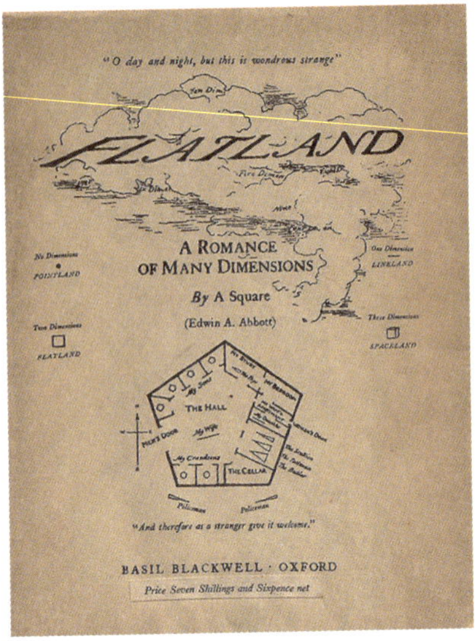

图 1-10 《平面国传奇》书影

但这个法则并不总是适合于商人阶级，对士兵和工人阶级更是不常适用。他们几乎不配具有人类图形的名称，因为他们并非等边。因此，自然法则对它们并不成立；一个等腰三角形的儿子仍然会是等腰三角形。然而，即使对于等腰三角形来说，要让后代最终超出父辈的下层状况，也不是一丝希望也没有。因为在长期的军事胜利、勤奋而娴熟的劳动之后，人们普遍发现，工匠和士兵阶级中那些更聪明者，其底边会微微变长，两腰会微微缩短。下层阶级中这些更聪明的成员，他们的儿女结婚后，所生的下一代一般都会更加接近等边三角形。

在等腰父母的大量等腰子女中，极少是真正的、可以证明的等边三角形。这样的生育结果，不仅需要一系列精心安排的婚姻，而且还需要父母长期不断的节俭、自我克制的训练；还需要经过许多代人耐心的、系统的、持续的发展。

如果哪家等腰父母亲生了一个真正的等边儿子，那么方圆好几浪都会喜气洋洋。经过卫生和社会委员会的仔细检查之后，如果婴儿确属等边，就会举行庄严的仪式，将其接纳为等边阶级。然后他马上会被没有孩子的某个等边族所收养，离开他那自豪却又悲伤的父母。而收养者必须起誓：决不允许孩子再回到原来的家探视双亲，以免刚刚发展好了的机体受不自觉的模仿力的影响，又回到他上一辈的形状。

从奴隶出生的祖辈们的行列中，偶然产生等腰三角形，对于贫穷的奴隶们来说不啻为一束希望之光，因而受到他们的欢迎；同时，这样的事也受到广大贵族们的欢迎，因为所有的高等阶级心里都很清楚：这些罕见的现象对于他们的特权并无什么大碍，却十分有效地阻止了下层民众的革命。

如果下层的锐角民众无一例外、完全失去希望和信心，那么他们的多次暴动中的头领们会十分能干，凭借他们人多力量大，连圆形阶级也拿他们没办法。但自然法则却规定，工人阶级在智慧、知识和一切美德上提高了多少，他们的锐角也会增大多少，并接近无害的等边三角形的角。这样，在最残酷和可怕的士兵阶级——由于缺乏智慧而几乎与女性处于同一层次的人们——中，当运用他们穿透力的智力在增长的同时，他们的穿透力本身却在下降。

多么奇妙的补偿律啊！在平面国中，物竞天择、适者生存以及所谓贵种的神圣起源是多么完美！通过合理运用自然规律，利用人类思想的抑制不住的、无尽的希望，多边形和圆形几乎总是能将暴乱消灭于萌芽状态。艺术也对自然规律助了一臂之力。国家医生所进行的人工浓缩或膨胀手术可以使叛乱领袖变成地道的正三角形，并立刻将他接纳为特权阶级。但更多的仍处于标准之下的人们，由于幻想着有朝一日升为贵人，被吸引进国家医院，他们在那里会受到体面的监禁。一两个固执、愚蠢、不规则得无药可救的人则被处以极刑。

这样，可怜的等腰下层民众变得群龙无首，他们那些被圆形阶级雇为专门对付暴乱事件的少数兄弟们把他们愚弄得麻木不仁、毫无斗志。圆形阶级还在他们之间巧妙地制造妒忌、猜疑，挑起他们之间的战争，彼此用尖角杀死对方。每年发生不少于120次的叛乱，此外还有235次小规模的起义；但他们都遭到同样的下场。

一天，主人公不幸被一个来自三维空间世界的球体所覆盖——在平面国的人看来，球当然只是一个圆，先从一个点开始逐渐增大，而后又逐渐减小，最后消失。球体降落多次，它向正方形描述了三维世界的奇迹，并使他意识到自己被限制在平面上的不幸境况。最后，这位陌生人将正方形带去环游三维空间。回国后，他热衷于向国人传授自己刚刚发现的三维空间理论：

尽管向孙子传授三维理论的尝试失败了，但这并没有让我丧失向家中其他成员传授该理论的信心。只是我想明白了：我不该完全依靠太引人注目的字眼——“向上，而非向北”，而必须让公众对整个理论有一个清晰的了解；为此，似乎需要借助于文字才行。

于是，我花了数月时间写了一本关于三维空间秘密的小册子，为了避免法律的制裁，我在书中并没有直言现实世界的维度（physical dimension），而只是塑造了一个想象中的世界，在那里，一个人可以从上往下看平面国，他能同时看到所有事物的内部，并且在那里，似乎存在一个由6个正方形所围成的、包含8个顶点的图形。但是，在写这本书时，我很痛苦地发现，我无法画出这个图形；因为，在我们的平面国里，除了直线以外，并没有其他书板，除了直线以外并没有其他图形；一切都在同一直线上，只有通过大小和亮度才能加以区分。结果，当我写完小册子（我取名为《从平面国到理想国》），我丝毫没有把握，是否会有人能明白我的意思。

与此同时，我的生活开始笼罩在阴云之中，毫无乐趣可言。我所见到的一切都诱使我公然叛逆。因为我只能将我在二维所见的事物与在三维世界所见的真实面目相比较，且几乎无法克制自己大声说出这样的比较。我把当事人及自己的事抛诸脑后，整天陷于对我曾经见到的却又无法传授给任何人、即使在我自己的头脑中也日益难于复制的秘密的沉思默想之中，不能自拔。

我从空间世界回来大约11个月之后的一天，我闭着眼睛，试图回想起正方体的形状，但想不出来；尽管后来终于想出，但并没有把握是不是它的原貌。这使我比以前更加犹豫，并使我下决心采取某种措施。但采取什么样的措施呢？我不知道。我感到自己将心甘情愿把一生献给事业，如果我因此可以让人们相信我的理论的话。但是，如果我连自己的孙子都说服不了，又怎能去说服这块土地上的最高级、最发达的圆形阶级呢？

我的情绪常常变得过于强烈，我常常忍不住说出一些危险的话来。我已经被看作是异端，如果不是叛逆的话。我已危机四伏。但我又常常不能克制自己，大声说一些怀疑的、半带煽动性的话，即使是在最高等级的多边形和圆形阶级面前也毫不忌讳。例如，一些疯子自称具有能够看清事物内部的特异功能，针对如何对它们进行治疗的问题，我会引述古代一位圆形的话说，预言家和富有灵感的人总是被大多数人看作疯子；有时我抑制不住要吐出诸如“看透事物内部的眼睛”以及“能看见一切的世界”之类的话。有一两次，我甚至口不择言地说出“三维和四维”这样的禁用语。有一次，在长官本人的官邸举行的地方思索协会会议上，某个愚蠢至极的人物宣读了长篇论文，说明为什么上帝会把维数限制在2以及为什么只有上帝才具有看穿一切的能力的“真正原因”。当时，我忘乎所以，详细叙述了自己如何随球体到空间世界环游，又如何回家的经过以及耳闻目睹的每一件事。一开始，我还假装是在描述一个虚构人物的想象中的经历；但那时我热血沸腾、激动万分，一时毫无顾忌地实话实说、露出真相。在演说的最后，我奉劝所有的听众抛开偏见，相信三维理论。

不用说，我立即被逮捕，并被送交议会处置。

翌日晨，就在数月前球体和我一起站立过的地方，我被允许继续讲述我的经历，没有质疑，不被打断。但一开始我就预感凶多吉少；因为在我开始辩护之前，总统命令由2°或3°的低等警察来换走55°左右的高等警察。我心里很清楚那意味着什么。我将被处以极刑或被投入大牢，那些听到我的故事的官员们也将同时被处死，这样，这个世界上就再也无人知道我的故事了。为此，总统希望用更廉价的牺牲品来代替昂贵的牺牲品。

在我辩护完毕之后，总统或许看到有些低层次的圆形们为我的真诚所感动，便问我如下两个问题：

一、当我使用“向上，而非向北”这句话时，我能不能将所说的方向具体指出来？

二、我能否利用图形或描述（而不是列举想象的边和角）来说明我喜欢称之为正方体的图形？

但我声明，我再也不能说什么了，我必须将自己交给真理，它的事业最终必将盛行于世。

总统回答说：他对我深表同情，我做得再好不过了。必须判我终身监禁，但如果真理打算让我出狱向世界传播福音，真理将被授权这样做。同时，我还有越狱的机会。并且，除非我因为犯错误，而被剥夺特权，否则偶尔可以允许我和我的兄弟见面，他在我之前进了监狱。

光阴荏苒、岁月如梭。一晃七年过去了。而我仍然是个阶下囚。除了偶尔见见我的兄弟外，我不能见狱友之外的任何人。我的兄弟是最好的正方形之一，正直、聪明、乐观、与我手足情深。但我必须承认，每周的见面都让我痛心疾首。当球体在议院现身的时候，他也在场；他看见球的截面在改变，他听到我对这现象向圆形们所做的解释。从此，整整7个年头里，每周他都会看我重复在球体现身时我所扮演的角色，详细叙述空间世界所有的现象，以及通过类比导出的立体事物的存在性。但是，我不得不承认，我的兄弟并没有理解三维的本质，他坦言自己并不相信球体的存在。

因此，我是绝对没有信徒的。千年启示录又有什么用呢？空间世界中的普罗米修斯因为给人间带去火种而受桎梏，而我呢？我这个平面国的普罗米修斯身陷囹圄，却什么也没有带给国人。但我心存希望：这些记录能以某种方式让某个维数的人类所了解，并激起那些拒绝限制在一个有限维度里的人们的反叛。

那是我在快乐时刻的希望。但并不总是这样。一想到我不能如实说出我对曾经见到过的立方体的准确形状感到有把握，我就

> 仿佛被压得喘不过气来。在模糊的梦幻中，神秘的箴言“向上，而非向北”就像吞噬灵魂的斯芬克斯一样，萦绕在我的心间。当正方体和球体悄然飞入不可能存在的背景中去时；当三维土地几乎和一维世界或零维世界一样虚幻时；甚至当这堵让我失去自由的高墙、我正在写字的这些书板，以及平面国自身所有的现实都与病态想象的产物或毫无根据编织出来的梦一样糟糕时，精神脆弱的时节来临了。这正是我为了真理而不得不忍受的苦痛！

《平面国传奇》利用数学主题对维多利亚时代的社会等级制度和性别歧视以及人类的狭隘和墨守成规作了辛辣的讽刺和批判。

在 18 世纪杰出讽刺小说家斯威夫特（J. Swift, 1667—1745）的《格列佛游记》中，也有许多数学例子。在第一卷中，利立浦特人利用立体图形的相似性来确定“我”的体积和饭量[1]：

> 皇帝规定每天供给我足够维持一千七百二十八个利立浦特人的肉类和饮料。以后不久我问在朝廷做官的一位朋友，他们怎样得出这样一个确定的数目。他告诉我，御用数学家用四分仪测定了我的身长，计算出我的身长和他们的比例是十二比一，由于他们的身体和我完全一样，因此得出结论：我的身体至少抵得上一千七百二十八个利立浦特人。我所需要的食物数量足够供给这么多的利立浦特人。

同书第三卷中提到，勒皮他的仆人们把面包切成圆锥体、圆柱体、平行四边形和其他几何图形；勒皮他人的思想永远跟线和圆相联系，他们赞美女性，总爱使用菱形、圆、平行四边形、椭圆以及其他几何

1 斯威夫特. 格列佛游记. 张健，译. 北京：人民文学出版社，1979.

术语。这里，作者的图形分类不甚合理。

科幻小说之父凡尔纳（J. Verne, 1828—1905）在《神秘岛》中巧妙地使用了等比数列[1]。当哈伯在衣服夹层里找到一颗麦粒时，工程师史密斯如是说："如果我们种下这粒麦子，那么第一次我们将收获八百粒麦子；种下这八百粒麦子，第二次将收获六十四万粒；第三次是五亿一千二百万粒；第四次将是四千多亿了。比例就是这样……这就是大自然繁殖力的算术级数……算他十三万粒一斗，就是三百万斗以上。"这里，作者误将几何级数说成算术级数。

图 1-11　陀思妥耶夫斯基（苏联，1971）

在 19 世纪的欧洲和俄国，数学与更严肃的文学也发生了联系。俄国大文豪陀思妥耶夫斯基（F. Dostoevsky, 1821—1881）在其长篇小说《卡拉马佐夫兄弟》第 2 部第 2 卷第 3 节"兄弟俩互相了解"中，伊凡和阿辽沙兄弟俩在一家酒店喝茶聊天。在谈到上帝是否存在的问题时，伊凡说：

> 假如上帝存在，而且的确是他创造了大地，那么我们完全知道，他也是照欧几里得的几何学创造大地和只有三维空间概念的人类头脑的。但是以前有过，甚至现在也还有一些几何学家和哲学家，而且还是最出色的，他们怀疑整个宇宙，说得更大一些——整个存在，是否真的只是照欧几里得的几何学创造的。他

1　凡尔纳 . 神秘岛 . 杨苑，等，译 . 南京：译林出版社，2008.

> 们甚至还敢幻想：按欧几里得的原理是无论如何也不会在地上相交的两条平行线，也许可以在无穷远的什么地方相交。因此我决定，亲爱的，既然我连这一点都不能理解，叫我怎么能理解上帝呢？[1]

这里，非欧几何的观念成了挑战传统上帝信仰的有力工具。

在奥地利著名小说家穆西尔（R. Musil, 1880—1942）出版于1906年的小说《小特尔莱斯》里，主人公特尔莱斯在学习虚数概念后，和他的同学有下面一段对话[2]：

> “我说，你真的理解所有那些内容了吗？”
>
> “什么内容？”
>
> “所有关于虚数的内容。”
>
> “是的，这并不是特别难，是吗？你要做的只是记住 −1 的平方根是你使用的基本单位。”
>
> “但问题就在这里。我的意思是说，根本没有这样的事。每一个数，无论正还是负，其平方都是正数。所以不可能有任何一个实数会是负数的平方根。”
>
> “没错。但我们为什么不可以用完全一样的方式来计算负数的平方根呢？这当然不可能产生任何实数，正因为如此，我们把结果称为虚数。这就像有个人过去总是坐在这儿，所以我们今天仍为他放张椅子在这里，即使这个时候他死了，我们仍当作他要来一样，继续做这件事。”
>
> “但是，当你确信无疑地（像数学那样确定）知道这不可能时，

1 Dostoevsky F. *The Brothers Karamazov.* Translated by Garnett C. http://www. ccel.org/ d/ dostoevsky/ karamazov/ karamazov. html.

2 萨巴 卡尔 . 黎曼博士的零点 . 汪晓勤，等，译 . 上海：上海教育出版社，2006.

图 1-12 穆西尔

图 1-13 电影《小特尔莱斯》

你怎么还会这么做呢？”

“无论如何，你继续去做，就好像并非如此一样。它可能会产生某种结果。毕竟，这与无理数——永远除不尽，无论你花费多长时间算下去，永远永远永远都不可能得到其分数部分最后的值——不同在何处呢？你怎能想象平行线会在无穷远处相交？在我看来，如果我们过于谨小慎微，那么数学就根本不存在了。”

特尔莱斯遇到虚数后，开始考虑生命的复杂性和模糊性。特尔莱斯原来把数学看作“生命的预备工具”，因此为虚数所困扰。他认为，虚数不可能是一个真正的数；但同时，通过虚数运算所得到的真实结果又把他给迷住了。他承认，这样的运算使他感到有点“晕乎乎”，似乎是通往“上帝所知道的路”。对特尔莱斯而言，实数和虚数代表着人性中理性的一面和非理性的一面。

俄国小说家扎米亚金（Y. Zamyatin, 1884—1937）也借虚数概念来宣扬人类信仰、情感等所具有的非理性的一面。在反乌托邦小说《我们》(1924）中，扎米亚金虚构了一个用数学来管理的极权国家——一统国。在这个国家，统治者是“万数之数”；诗歌是严格按照乘法表来写的；人名是用数字来表示的。《我们》中的故事是围绕一位国家数学家、“积分号”宇宙飞船的设计者 D-503 展开的。当 D-503 与一位反政府的女革命者 I-330 产生爱情后，他的理性受到了挑战。早在遇见 I-330 以前，D-503 就已经发觉虚数“奇怪、陌生、可怕”，他痛恨这种数，希望这种数不存在。遇见 I-330 之后，虚数成了 D-503 情感与理智紊乱以及他无视国家法规的象征。D-503 被诊断为“有灵魂和想象力”，最后被新发明的算法切除，D-503 也因此恢复了国家数学家的地位。

在《我们》中，D-503 试图解释一统国中人们是如何量化幸福（happiness）的。他建立了一个公式 $h=\frac{b}{e}$，其中 b 表示快乐（bliss），e

图 1-14 扎米亚金

图 1-15 《我们》扉页

表示嫉妒（envy）。这个公式表明：一个人若要幸福，并不需要他有多少快乐，而只要快乐大于嫉妒即可。即使他境况不佳，如 $b = 0.001$，但如果嫉妒远小于快乐，如 $e = 0.000001$，那么，根据幸福指数公式，$h = 1000$，此人应该很幸福！不知 D-503 所给幸福公式是否也适用于我们这个物欲横流的世界？

当然，除了非欧几何、虚数等概念外，作家也借助更传统的数学概念来刻画他的故事情节。安德烈·贝里（Andrei Bely, 1880—1934）出版于 1916 年的《彼得堡》（*Petersberg*）一书采用的基本图式是一个球体。书中，直线、多边形、立方体代表规则和稳定，而加宽的圆和扩展的球则代表了“崩溃和死亡”。政府官员阿波罗诺维奇（Apollonovich）看到一排排立方体形状的房子就感到特别舒服，他酷爱“直线的景观”。但是，当他的儿子尼科莱（Nikolai）良心发现，不想谋杀自己的父亲之后，父子俩被一系列令人不安的东西所包围，这些东西都呈现恐怖的球体，包括阿波罗诺维奇死去的心以及尼科莱那些激进的同伴们提供给他的弑父凶器——装在一个球形沙丁鱼罐头里、用来在膨胀的球体内爆炸的定时炸弹。

图 1-16　安德烈·贝里

俄国大作家列夫·托尔斯泰（Leo Tolstoy, 1828—1910）在《战争与和平》中利用数学来支持自己的历史理论。托尔斯泰利用古希腊著

图 1-17 托尔斯泰（苏联，1960）

名的芝诺悖论——阿喀琉斯追不上乌龟来说明：历史是不能够作为一系列离散的片段来分析的，历史不是离散的事件，而是一个连续的过程，是无穷小量（“历史的微分”）的和（“积分”）。只有找到求和的方法，人们才有望认识历史的法则。

托尔斯泰还试图用比率和方程来说明：除了数量，士气也是一个军队获胜的重要因素，士气乘上数量就等于力量。一支小的部队如果士气高，也能够打败大的部队。他举例说（以 X 和 Y 表示士气）：

> 10 个人，10 个营，或 10 个师，同 15 人，15 个营，或 15 个师作战，把 15 个那一方打败了，也就是说，把对方一个不剩地全部打死，或俘虏了，而自己损失了 4 个人，这就是说，一方损失了 4 个，另一方损失了 15 个。这样一来 4 个就等于 15 个，这就是说 $4X = 15Y$。因而 $X : Y = 15 : 4$，这个方程式并未告诉我们那个未知数的值，但是告诉了我们那两个未知数的比率。可以取各种各样的历史单位（战斗、战役、战争阶段）列成这种方程式，得出许多系列数字，在那些数字里，应当存在一些法则，它

是可以发现的。[1]

数学也是作家刻画人物聪明才智的一种工具。我国当代武侠小说家金庸（1924—2018）在《射雕英雄传》第29回和31回中通过宋元时期的数学问题（开方、幻方、天元术、四元术、同余问题等）来刻画才智过人的黄蓉形象。以下是第29回“黑沼隐女”片段：

黄蓉坐了片刻，精神稍复，见地下那些竹片都是长约四寸，阔约二分，知是计数用的算子。再看那些算子排成商、实、法、借算四行，暗点算子数目，知她正在计算五万五千二百二十五的平方根，这时“商”位上已记算到二百三十，但见那老妇拨弄算子，正待算那第三位数字。黄蓉脱口道：“五！二百三十五！”那老妇吃了一惊，抬起头来，一双眸子精光闪闪，向黄蓉怒目而视，随即又低头拨弄算子。这一抬头，郭、黄二人见她容色清丽，不过四十左右年纪，想是思虑过度，是以鬓边早见华发。那女子搬弄了一会，果然算出是“五”，抬头又向黄蓉望了一眼，脸上惊讶的神色迅即消去，又见怒容，似乎是说：“原来是个小姑娘。你不过凑巧猜中，何足为奇？别在这里打扰我的正事。”顺手将“二百三十五”五字记在纸上，又计下一道算题。这次是求三千四百零一万二千二百二十四的立方根，她刚将算子排为商、实、方法、廉法、隅、下法六行，算到一个“三”，黄蓉轻轻道：“三百二十四。”那女子“哼”了一声，哪里肯信？布算良久，约一盏茶时分，方始算出，果然是三百二十四。那女子伸腰站起，但见她额头满布皱纹，面颊却如凝脂，一张脸以眼为界，上半

1 托尔斯泰．战争与和平．周煜山，译．北京：北京燕山出版社，2001.

图 1-18　1983 年版电视剧《射雕英雄传》

老，下半少，却似相差了二十多岁年纪。她双目直瞪黄蓉，忽然手指内室，说道："跟我来。"拿起一盏油灯，走了进去。郭靖扶着黄蓉跟着过去，只见那内室墙壁围成圆形，地下满铺细沙，沙上画着许多横直符号和圆圈，又写着些"太""天元""地元""人元""物元"等字。郭靖看得不知所云，生怕落足踏坏了沙上符字，站在门口，不敢入内。黄蓉自幼受父亲教导，颇精历数之术，见到地下符字，知道尽是些术数中的难题，那是算经中的"天元之术"，虽然甚是繁复，但只要一明其法，也无甚难处。

黄蓉从腰间抽出竹棒，倚在郭靖身上，随想随在沙上书写，片刻之间，将沙上所列的七八道算题尽数解开。这些算题那女子苦思数月，未得其解，至此不由得惊讶异常，呆了半晌，忽问："你是人吗？"黄蓉微微一笑，道："天元四元之术，何足道哉？算经中共有一十九元，'人'之上是仙、明、霄、汉、垒、层、高、上、天，'人'之下是地、下、低、减、落、逝、泉、暗、鬼。算到第十九元，方才有点不易罢啦！"那女子沮丧失色，身子摇了几摇，突然一跤跌在细沙之中，双手捧头，苦苦思索，过了一会，忽然抬起头来，脸有喜色，道："你的算法自然精我百倍，可是我问你：将一至九这九个数字排成三列，不论纵横斜角，每三字相加都是十五，如何排法？"黄蓉心想："我爹爹经营桃花岛，五行生克之变，何等精奥？这九宫之法是桃花岛阵图的根基，岂有不知之理？"当下低声诵道："九宫之义，法以灵龟，二四为肩，六八为足，左三右七，戴九履一，五居中央。"边说边画，在沙上画了一个九宫之图。那女子面如死灰，叹道："只道这是我独创的秘法，原来早有歌诀传世。"黄蓉笑道："不但九宫，即使四四图，五五图，以至百子图，亦不足为奇。就说四四图罢，以十六字依次作四行排列，先以四角对换，一换十六，四换十三，后以内四角对换，六换十一，七换十。这般横直上下斜角相加，皆是三十四。"那女子依法而画，果然丝毫不错……

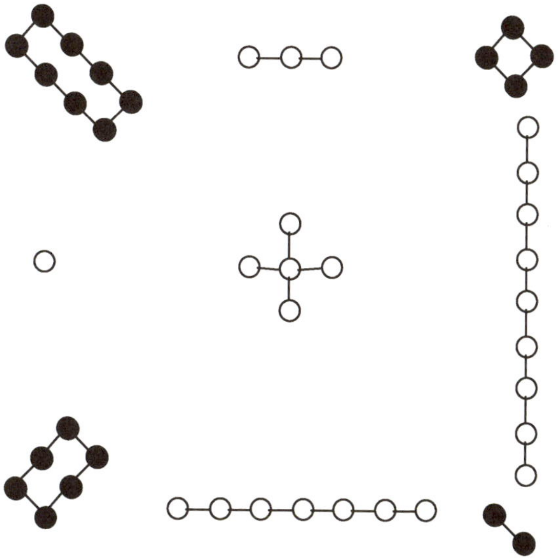

图 1-19　中国古代的洛书（九宫图）

13	9	5	1
14	10	6	2
15	11	7	3
16	12	8	4

→

4	9	5	16
14	7	11	2
15	6	10	3
1	12	8	13

图 1-20　南宋杨辉四四图的构造

1	23	16	4	21
15	14	7	18	11
24	17	13	9	2
20	8	19	12	6
5	3	10	22	25

12	27	33	23	10
28	18	13	26	20
11	25	21	17	31
22	16	29	24	14
32	19	9	15	30

图 1-21　杨辉的五五图

13	22	18	27	11	20
31	4	36	9	29	2
12	21	14	23	16	25
30	3	5	32	34	7
17	26	10	19	15	24
8	35	28	1	6	33

4	13	36	27	29	2
22	31	18	9	11	20
3	21	23	32	25	7
30	12	5	14	16	34
17	26	19	28	6	15
35	8	10	1	24	33

图 1-22　杨辉的六六图

46	8	16	20	29	7	49
3	40	35	36	18	41	2
44	12	33	23	19	38	6
28	26	11	25	39	24	22
5	37	31	27	17	13	45
48	9	15	14	32	10	47
1	43	34	30	21	42	4

4	43	40	49	16	21	2
44	8	33	9	36	15	30
38	19	26	11	27	22	32
3	13	5	25	45	37	47
18	28	23	39	24	31	12
20	35	14	41	17	42	6
48	29	34	1	10	7	46

图 1 — 23 杨辉的七七图（衍数图）

61	4	3	62	2	63	64	1
52	13	14	51	15	50	49	16
45	20	19	46	18	47	48	17
36	29	30	35	31	34	33	32
5	60	59	6	58	7	8	57
12	53	54	11	55	10	9	56
21	44	43	22	42	23	24	41
28	37	38	27	39	26	25	40

61	3	2	64	57	7	6	60
12	54	55	9	16	50	51	13
20	46	47	17	24	42	43	21
37	27	26	40	33	31	30	36
29	35	34	32	25	39	38	28
44	22	23	41	48	18	19	45
52	14	15	49	56	10	11	53
5	59	58	8	1	63	62	4

图 1-24 杨辉的六十四图（易数图）

31	76	13	36	81	18	29	74	11
22	40	58	27	45	63	20	38	56
67	4	49	72	9	54	65	2	47
30	75	12	32	77	14	34	79	16
21	39	57	23	41	59	25	42	61
66	3	48	68	5	50	70	7	52
35	80	17	28	73	10	33	78	15
26	44	62	19	37	55	24	42	60
71	8	53	64	1	46	69	6	51

图 1-25　杨辉的九九图

1	20	21	40	41	60	61	80	81	100
99	82	79	62	59	42	39	22	19	2
3	18	23	38	43	58	63	78	83	98
97	84	77	64	57	44	37	24	17	4
5	16	25	36	45	56	65	76	85	96
95	86	75	66	55	46	35	26	15	6
14	7	34	27	54	47	74	67	94	87
88	93	68	73	48	53	28	33	8	13
12	9	32	29	52	49	72	69	92	89
91	90	71	70	51	50	31	30	11	10

图 1-26　杨辉的百子图

著名作家王蒙是数学的爱好者，他说:“回想童年时代花的时间一大部分用在做数学题上，这些数学知识此后直接用到的很少，但是数学的学习对于我的思维的训练却是极其有益的。”在《我的人生哲学》中，作者多次通过数学概念来思考人生[1]：

生命的“意义原则”

与无限长远的永恒与无限辽阔的宇宙相比较，人类特别是人类个体就渺小得可以不计了。是的，当分母是无限大的时候，与之相比的人也好蚁也好菌也好，或者地球也好太阳系也好一个与几个银河系也好，蜉蝣之一进一夕也好，人之不满百年也好，古柏之五千岁也好，都是同样地几乎没有区别地趋向于零，趋向于可以略而不计。从这个意义上来说，也许论述人生的无意义有它的合理的一面，也许论述时间与空间的无限与人生的短促有助于使人的心胸开阔气象宏大，也许这种念天地之悠悠独怆然而涕下的心绪带几分终极眷顾的宗教色彩。

图 1-27 “无穷大”符号（阿根廷，2000）

“三分之一”律与黄金分割比

一个线段，最美的分割是使之做到全线段与大线段的比，等于大线段与小线段的比，这又叫做内外比。设大线段为 a，小线段为 b，则 $a+b:a=a:b$。如果全线段为十分，那么大线段应

1 王蒙.王蒙自述：我的人生哲学.北京：人民文学出版社，2003.

是 6.18 分，而小线段为 3.82 分。设你的能力是 10 分，你得到了 3.82 分的评价或回报，足可以了。你做出的成绩实绩，应该力争不少于 6.18 分，而你的学习你的投入你的奋斗精神，应该只是多于而绝对不是少于 10 分，符合这个黄金分割的比例，你的形象是美丽的。如果你的获得超过了 38.2%，你有可能被认定为一个侥幸者投机者早晚要跌下来者，春风得意于一时，不等于春风得意于永久。

命运的数学公式

有一个骗人的游戏，我是在北戴河海滨第一次看到的。经营游戏者放四种不同颜色的玻璃球在口袋里，每种颜色的球都是 5 个，然后让人从口袋里摸 10 个球，并规定了不同出球的比例下的不同的奖惩方法。他的规定是摸出来的球是 3322 比例的（即 A、B 两种颜色的球为三，C、D 两种颜色的球为二，或 A、C 三，B、D 二或其他），玩者要罚款 5 元；如果摸出来是 4321 或 3331，玩者罚 2 元；如果摸出来是 4222，为五等奖，奖励一个小海螺或一个钥匙链之类；如果是 4330 或者 4411，为四等奖，奖励一盒进口香烟；如果是 5311，为三等奖，奖励一个机器人玩具；如果是 5410，为二等奖，奖励一条进口香烟；而如果是 5500，为大奖，奖励一台摄像机。

表面看来，似乎是得奖的机会多于受罚的机会，而且是免费参加摸奖，只缴罚金，不用“入场券”。于是许多人上当来玩儿这个所谓“免费游戏”。然而我冷眼旁观，十之八九摸出来的都是 3322，十分之一二摸出来的是 4321 或 4330，偶然的有人摸出 4222 或 4411 或 4330。至于摸到点 5500 的从未一见。摸不着奖反而受罚的人大骂自己的手臭，乐坏了设局者。我回家后用扑克牌或麻将牌也试过，同样是十之八九是3322，十之一二是4321或4330（参阅问题研究[6–9]）。

就是说，一切机会趋向于均等，不是你3，就是我2，不是你4（已经少见），就是我3，独占两个5的可能几乎近于零，独占一个5的事也很难发生。我称之为命运的数学意义上的公正性。这是一个丝毫也不复杂的几率问题，数学家当可为之列出公式。

与此同时，机会又有一种参差性、不相同性、偶然性。如果你放的不是20个球而是24个球，如果你要的不是3322而是3333，你反而得不到成功。3与2是一重参差，一重相互有别，球的颜色又是各自不同，各次不同，形成第二重参差。假设四种球的颜色分别为红黄蓝白，红3蓝3，黄2白2是3322，红3黄3蓝2白2也是3322，然后是红白蓝黄、白黄红蓝、白蓝红黄等也都可排成3322，既相同相对公正又不同，变化多端，参差有致，难以琢磨。呜呼，数学之道，大矣！

从中我思索了良久，我想这就是命运，这就是机会，这就是冥冥中的一只手。对于无神论者，命运是数学的公式和规律，数学就是上帝就是主。你想占有一切好运，或者你埋怨一切霉头都降临于你，这就与声称自己总是得到5500一样，不是完全不可能，但机会极少，几率极低。真得到这种点数，就像买彩票中了特等奖，就像坐飞机碰到了空难，谁也挡不住，谁都得认命。想明白了这一点，我们可以少一点怨天尤人。

意大利新锐作家保罗·乔尔达诺（Paolo Giordano）在《质数的孤独》中，塑造了一对少年时代各自遭遇不幸的男女主角的爱情故事。男主角叫马蒂亚，女主角叫爱丽丝，他们就像一对孪生质数，彼此相爱，却从未能走到一起[1]。

质数只能被一和它自身整除。在自然数的无穷序列中，它们处于自己的位置上，和其他所有数字一样，被前后两个数字挤着，但它们彼此间的距离却比其他数字更远一步。它们是多疑而又孤独的数字，正是由于这一点，马蒂亚觉得它们非常奇妙。有时候他会认为，它们是误入这个序列中的，就像是串在一条项链上的小珍珠一样被禁锢在那里。有时候他也会怀疑，也许它们希望像其他所有数字一样普普通通，只是出于某种原因无法如愿。这后一种想法经常在晚间光顾他的大脑，夹杂在睡梦前凌乱而交错的各种形象之中，这个时候，他的大脑会非常疲顿，不愿再编制谎言。

在大学一年级的一门课上，马蒂亚知道，在质数当中还有一些更加特别的成员，数学家称之为“孪生质数”，它们是离得很近的一对质数，几乎是彼此相邻。在它们之间只有一个偶数，阻隔了它们真正的亲密接触，比如十一和十三，十七和十九、四十一和四十三。假如你有耐心继续数下去，就会发现这样的孪生质数会越来越难遇到，越来越常遇到的是那些孤独的质数，它们迷失在那个纯粹由数字组成的寂静而又富于节奏的空间中。此时，你会不安地预感到，到那里为止，那些孪生质数的出现只是一种偶然，而孤独才注定是它们真正的宿命。然后，当你正准备放弃的时候，却又能遇到一对彼此紧紧相邻的孪生质数。因此，数学家们有一个共同的信念，那就是要尽可能地数下去，早晚会遇到一对孪生质数，虽然没人知道它们会在哪里出现，但迟早会被发现。

1 乔尔达诺 保罗 . 质数的孤独 . 文铮，译 . 上海：上海译文出版社，2008: 631−641.

马蒂亚认为他和爱丽丝就是这样一对孪生质数，孤独而失落，虽然接近，但却不能真正触到对方……

这里，作者借数论中的“孪生质数”概念，刻画了两个主人公之间的关系。一方面，在自然数序列中，质数的分布越往后越稀疏，这象征着男女主人公在现实世界的茫茫人海中是孤独而失落的个体；另一方面，孪生质数中间隔了一个偶数，它们彼此靠近，却不能真正毗邻，这象征着孤寂的男女主角，心灵相通，成了彼此的慰藉，却未能走到一起，白头偕老。这让我们想起了马弗尔平行线般的爱情（参阅第 57 页）。

1.2　数学方法

文学作品不仅利用了数学的概念，而且也利用数学的方法。在 17 和 18 世纪，数学以其清晰的定义、显明的公理、演绎的方法和必然的结论而被看作是人类知识的典范。无论是教育家、哲学家，还是政治理论家，都争相以演绎式的文体进行撰述。然而，到了 19 世纪，随着非欧几何的诞生，数学上的分析方法盛行起来，对于几何公理不证自明的信念开始减弱。不过，尽管演绎方法失去了对于数学之外的学者的吸引力，可是数学方法在侦探小说中却找到了用武之地。19 世纪美国诗人、著名侦探小说家爱伦 · 坡（E. Allan Poe, 1809—1849）笔下的杜宾、

图 1-28　爱伦 · 坡（美国，2009）

英国著名侦探小说家柯南·道尔（A. Conan Doyle, 1859—1930）笔下的福尔摩斯，都是家喻户晓的推理高手。

在《摩格大街谋杀案》（1841）的开篇，有一段关于分析能力的讨论。爱伦·坡认为，“数学研究，特别是最高等的数学分支，即分析学，可能会大大提高分析能力。”[1] 在《玛丽·罗杰之谜》开篇，爱伦·坡指出，“概率论本质上是纯数学的，因此，我们可以用科学中最为严谨精确的方法来处理思维中难以解释的幻影与幽灵现象。”[2] 杜宾解释说：“机会是完全可以计算进去的因素。找不到的和想象不出的事都需借助学校里学的数学公式。”[3]

图 1-29　柯南·道尔（摩纳哥，2009）

福尔摩斯同样将他的侦探术与数学方法联系起来。在《血字的研究》第 2 章“演绎的科学”里，华生博士偶然在一本杂志上看到福尔摩斯写的一篇文章，福尔摩斯在文章中自称“他得出的结论会像欧几里得那么多的命题一样准确”[4]。他写道：

> 从一滴水中，一个逻辑学家就能推测出可能有大西洋或尼亚加拉瀑布存在，而无须亲眼看到或亲耳听说过这些。所以，整个

1　Poe E A. The Murders in the Rue Morgue. *Graham's Magazine*, 1841, **18**: 166–179.

2　Poe E A. The Mystery of Marie Roget. http://www.pinkmonkey.com/dl/library1/roget.pdf.

3　Poe E A. The Mystery of Marie Roget. http://www.pinkmonkey.com/dl/library1/roget.pdf.

4　柯南 道尔 阿瑟 . 福尔摩斯侦探故事全集（上）. 程君，译 . 广州：新世纪出版社，2000：17.

> 生活就是一条巨大的链条，我们只要看到其中的一环，就能知道其本质。[1]

类似地，在《四签名》第一章中，福尔摩斯对华生说：

> 侦探学是，或者应该是一门精确的科学，应当以冷静而不是激情来对待它。你在它的上面涂抹浪漫主义的色彩，这好比在欧几里得的几何学定理里掺进恋爱的情节。

爱伦·坡的《金甲虫》讲述了主人公通过破译密码，寻找 17 世纪英国海盗所埋藏的财宝的神奇故事[2]。居住在沙利文岛上的主人公威廉·莱格朗先生在岛上偶然找到了一个金甲虫和一张羊皮纸，羊皮纸上画有羊羔和人的头盖骨，两者之间写有如下红色字符：

53‡‡†305))6*;4826)4‡.)4‡);806*;48†8

¶60))85;1‡(;:‡*8†83(88)5*†;46(;88*96

?;8) ‡(;485);5*†2:* ‡(;4956*2(5*-4)8

¶8*;4069285);)6†8)4‡‡;1(‡9;48081;8:8‡

1;48†85;4)485†528806*81(‡9;48;(88;4

(‡?34;48)4‡;161;:188;‡?;

这是标记宝藏位置的密码。莱格朗先生利用频率分析法破译了上述密码。首先，他对字符出现的频数进行了统计：

8 出现 33 次；

; 出现 26 次；

1　柯南 道尔 阿瑟 . 福尔摩斯侦探故事全集（上）. 程君，译 . 广州：新世纪出版社，2000：18.

2　Poe E A. The Gold-Bug. *Dollar Newspaper*, vol. I, no. 23, June 28, 1843, 1–4. http://www.eapoe.org/works /tales/goldbga2.htm.

4 出现 19 次；

‡ 和) 各出现 16 次；

* 出现 13 次；

5 出现 12 次；

6 出现 11 次；

† 和 1 各出现 8 次；

0 出现 6 次；

9 和 2 各出现 5 次；

: 和 3 各出现 4 次；

? 出现 3 次；

¶ 出现 2 次；

—和 . 出现 1 次。

在英文中，出现频率最高的字母是 e，而在上述密文中，出现次数最多的是 8，因而 8 可能就是 e 的代码。英文中 e 往往成对出现，如 meet，fleet，speed，seen，been，agree 等等，而密文中 8 成对出现了 5 次。由此可以进一步判断，8 代替的就是字母 e。

在英文的所有单词中，the 是最常用的。而在羊皮纸密文中，字符串“;48”出现了 7 次，因此断定，“;”代表 t，4 代表 h。这样，密文成为

53‡‡†305))6***the**26)h‡.)h‡)te06***the**†e

¶60))e5t1‡(t:‡*e†e3(ee)5*†th6(tee*96

?te) ‡(**the**5)t5*†2:* ‡(th956*2(5*-h)e

¶e*th0692e5)t)6†e)h‡‡t1(‡9**the**0e1te:e‡

1**the**†e5th)he5†52ee06*e1(‡9**the**t(eeth

(‡?3h**the**)h‡t161t:1eet‡?t

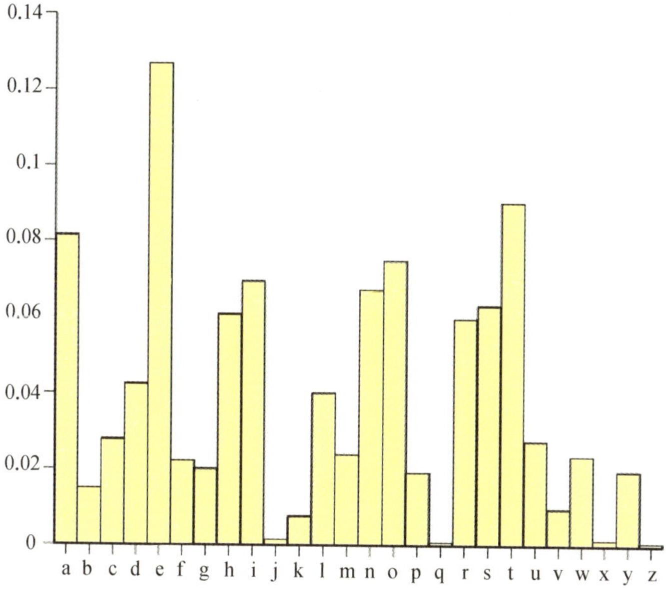

图 1-30　英文字母出现的相对频率

再看倒数第二个 the 后面的六个字符，其中有五个已经知道了：t (eeth。但用任何字母代替“(”，都不能使 t (eeth 成为一个有意义的单词，因此隔开 th，t (ee 是一个独立的单词，因此，“(”代表 r，该单词为 tree（树）。于是，密文成为

53‡‡†305))6***the**26)h‡.)h‡)te06***the**†e

¶60))e5t1‡rt:‡*e†e3ree)5*†th6rtee*96

?te) ‡r**the**5)t5*†2:* ‡rth956*2r5*-h)e

¶e*th0692e5)t)6†e)h‡‡t1r‡9**the**0e1te:e‡

1**the**†e5th)he5†52ee06*e1r‡9 **the tree**

thr‡?3h **the**)h‡t161t:1eet‡?t

接下来观察 the tree 后面的单词 thr‡?3h，可知应为 through，于是知：“‡”代表 o，“?”代表 u，3 代表 g。因此，密文成为

5goo†g05))6***the**26)ho.)ho)te06***the**†e

¶60))e5t1ort:o*e†egree)5*†th6rtee*96

*ute)*or**the**5)t5*†2:*orth956*2r5*-h)e

¶e*th0692e5)t)6†e)hoot1ro9**the**0e1te:eo

1**the**†e5th)he5†52ee06*e1ro9 **the tree**

through the)hot161t:1eet **out**

再看第二行中的†egree，它应该是degree，因此“†”代表d。在degree之后，我们看到字符串“th6rtee*”，易知应为thirteen，因此可以断定6代表i，“*”代表n。这时，密文成为

5 **good** g05)) **in the** 2i)ho.)ho)te0 **in the**

de¶i0))e5t1ort: **one degree**)5nd **thirteen**

9inute) **north e**5)t5nd2: **north** 95in2r5n-h)e

¶enth0i92e5)t)ide)hoot1ro9**the**0e1te:eo

1**the** de5th)he5d52ee0ine1ro9 **the tree**

through the)hot1i1t:1eet **out**

据此，第一个字符5应该表示a，degree)应为degrees，9inute)应为minutes。于是，密文成为

A good g0ass **in the** 2isho.shoste0 **in the**

de¶i0s **seat** 1ort: **one degrees and thirteen**

minutes northeast and 2: **north main** 2ran-hse

¶enth0im2 **east side shoot** 1rom **the** 0e1te:eo1

the death's head a2ee0ine 1rom **the tree**

through the shot 1i1t:1eet **out**

至此，明文已经呼之欲出了：

A good glass in the bishop's hostel in the

devil's seat forty-one degrees and thirteen minutes northeast and by north main branch seventh limb east side shoot from the left eye of the death's-head a bee line from the tree through the shot fifty feet out.

上述明文的意思是:“一面好镜子在主教栈房内魔鬼的座位——21 度与 13 分——东北和偏北——主干的第七根树枝东边——从骷髅的左眼射击——从树下引一直线，以子弹为圆心，延伸五十英尺。”据此，主人公果然找到了宝藏。

《金甲虫》在当时激发了人们对密码学的浓厚兴趣。美国著名密码专家、二战期间曾成功破解日本人密码机（紫色机）的弗里德曼（W. F. Friedman, 1891—1969）小时候即是读了此书而喜欢上了密码学。

无独有偶，在柯南・道尔的《跳舞的小人》中，福尔摩斯也利用频率分析法侦破了一桩奇案。

诺福克郡乡绅希尔顿・丘

图 1-31 《金甲虫》中的插图

比特饮弹死于家中，他的美国妻子埃尔西·帕特里克也中了弹，生命垂危。警方初步断定是埃尔西枪杀丈夫后自杀。侦破此案的关键是丘比特生前向福尔摩斯提供的密码——跳舞的小人。丘比特第一次提供给福尔摩斯的一组密码是：

图 1–32 《跳舞的小人》中福尔摩斯得到的密码

这里，柯南·道尔借用了古代澳大利亚岩画中的人物形象作为密码字。根据频率分析法，福尔摩斯推断出现次数最多的“”代表英文字母 E。举红旗的小人代表的是一个单词的最后一个字母。根据丘比特生前所提供的更多的密码，福尔摩斯相继将一个个小人破译出来，并利用这些密码，抓住了杀害丘比特的凶手。

侦探小说中的推理与几何证明中的分析法是一脉相承的。我们以柯南·道尔的《博斯科姆溪谷奇案》为例来说明这一点。

在博斯科姆溪谷，发生了一桩惨案。詹姆斯·麦卡锡在博斯科姆湖边遇害。案发前，除被害人的儿子小麦卡锡外，共有五人见过老麦卡锡：麦卡锡家的仆人、一个老妪、博斯科姆庄园看门人的十四岁女儿、猎场看守人。其中，猎场看守

图 1–33 岩画：最早的澳大利亚人（澳大利亚，1984）

人看到小麦卡锡手里拿着枪“跟踪”老麦卡锡，往博斯科姆湖边的树林走去；而小女孩则看见麦卡锡父子在湖边激烈争吵；仆人说，老麦卡锡自称有个约会。警方据此得出：小麦卡锡就是老麦卡锡的约会者，因而是弑父凶手。

福尔摩斯却不满足于这些表面的证据。

小麦卡锡供称：他在林间听到父亲大声叫“库伊”（Cooee）——父子间常用的称呼——便跑到父亲跟前，但父亲很惊讶，因为他不知道儿子已经从布里斯托尔返家；老麦卡锡临终前模糊地说出“拉特”（rat）一词。“库伊”是澳大利亚矿工常用的称呼；福尔摩斯据此推断，“拉特”是澳大利亚地名的部分音节，麦卡锡临终前想说凶手是“×拉特的某某”，但未能清晰地说完。查看澳大利亚地图，果然有“巴勒拉特”（Ballarat）这个地名，因而凶手一定是麦卡锡早年在澳大利亚认识的人。

检查尸体发现，凶手从背后用钝器袭击被害人后脑的左侧，因而很可能是左撇子；现场有一些凌乱的脚印，除了麦卡锡父子的脚印

图1-34 福尔摩斯在查看现场

（福尔摩斯根据麦卡锡父子的鞋子作出判断）外，还有一个人的脚印左深右浅，因而凶手的右脚是瘸的。

这样，福尔摩斯得出结论：凶手是麦卡锡在澳大利亚认识的人、左撇子、右脚瘸。这个人正是博斯科姆庄园的主人特纳。

1.3　数学文学

许多科幻小说作者创作了数学小说，兹举数例。

英国作家赫胥黎（A. Huxley, 1894—1963）的《小阿基米德》讲述一个关于数学和音乐小天才吉多（Guido）的动人故事[1]。故事里的吉多自己发现了毕达哥拉斯定理的一个几何证明（参阅《透视 1》第 2 讲）。故事中的“我”还教了另一个代数证明。

图 1-35　小阿基米德

美国作家尤普逊（W. H. Upson, 1891—1975）的《保罗·本彦与传送带》（1949）讲述铀矿工人保罗·本彦（Paul Bunyan）和福德·福德森（Ford Fordsen）使用 1 英里宽、4 英尺长的莫比乌斯传送带来传送铀矿的故事。

美国作家约翰·里斯（John Reese, 1910—1981）的《谋杀的符号逻辑》（1966）讲述利用布尔代数来侦破谋杀案的故事。

美国科幻作家克里夫顿（Mark

1　Newman J R (ed.). *The World of Mathematics*. Vol. IV, Part XXIII. New York: Simon and Schuster, 1956: 2221–2249.

图 1-36　剧本《阿卡迪亚》

图 1-37　《明星》

Clifton, 1906—1963）的《明星》讲述一个三岁的小女孩思达（Star）发明莫比乌斯带以及一种可以将自己输送到四维空间、在时间隧道中向前或向后旅行的方法[1]。

波兰科幻作家勒姆（S. Lem, 1921—2006) 在《非常旅馆》中虚构了一个含有无穷多个房间的旅馆，俗称“希尔伯特旅馆”。旅馆里住满旅客，问题是如何安排新来者住宿？新来旅客数为 1 时，只需让 1 号房间的旅客搬到 2 号房间，2 号房间旅客搬到 3 号房间，3 号房间旅客搬到 4 号房间……n 号房间旅客搬到 n+1 号房间……这样，就可以腾出 1 号房间来。若新来旅客数为 k 个，则需将 n 号房间旅客搬到 $n+k$ 号房间（$n=1, 2, 3, \cdots$）。若新来无穷（可数）个旅客，则需将 n 号房间旅客搬到 $2n$ 号房间（$n=1, 2, 3, \cdots$）。

1　Lipsey S I, Pasternack B S. Mathematics in literature. http://www.mcps/ k12.md.us/ departments /eii/ mathinlitanchor. pdf.

图 1–38 《证明》

希尔伯特旅馆形象地说明了无限集与有限集之间的本质区别，即，无限集可以和它的真子集具有“同样多的”元素，而有限集却不可能有这一性质。

捷克剧作家汤姆·斯多帕德（Tom Stoppard）的《阿卡迪亚》（*Arcadia*）讲述 19 世纪一个 13 岁的数学女天才的故事。尽管女主角没能证明费马大定理，但她却知道混沌和迭代这样的 20 世纪的数学课题。

美国剧作家戴维·奥本（David Auburn）的剧本《证明》（2000）讲述一个女数学天才凯瑟琳（Catherine）与她父亲、数学家罗伯特（Robert）的关门弟子霍尔（Hal）之间的数学和爱情故事。本剧获 2001 年普利策戏剧奖。

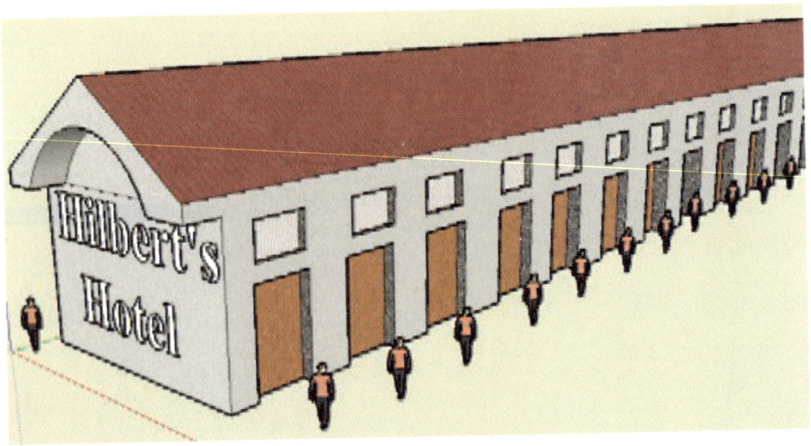

图 1–39 希尔伯特旅馆

特福科洛斯·米哈伊里迪斯（Tefcros Michaelides）的《毕达哥拉斯谜案》是关于数学家的一宗奇案。小说的两个主人公“我”和斯特法诺斯是两位数学家，他们是一对密友。但斯特法诺斯最终解决了希尔伯特第二个问题——算术公理体系的完备性问题，给“我”以巨大的打击：

> 斯特法诺斯个人的胜利，将意味着富有创意的数学的结束。许多毫无天赋、资质平庸的学者将靠着构思各种公理体系，运用斯特法诺斯的方法，机械性地测试公理体系的相容性，安稳地获得事业的成功。数学不再是理性科学的精粹，而将堕落为一门循规蹈矩、机械呆板的游戏。[1]

“我”试图劝说斯特法诺斯放弃发表这一重大成果，但遭到了拒绝。于是，“我”谋杀了斯特法诺斯。

在《毕达哥拉斯谜案》中，我们看到了丰富多彩的数学问题：希尔伯特第二问题和第三问题、非欧几何、芝诺悖论（参阅问题研究[6–7]）、代数方程求根问题，等等。在巴黎参加数学家大会的日子里，“我”和斯特法诺斯曾光顾一家酒馆，和几个画家及其女友们一起讨论数学问题。在讨论了正多边形镶嵌问题后，斯特法诺斯向众人提出如下平面覆盖问题：

> 假如我们打算用一种形状相同的瓷砖来覆盖一个平面，使得未被覆盖的面积最小，那么理想的摆放方式是什么？让我们假设，我们要覆盖的是一个10厘米乘以10厘米的正方形，所用的瓷砖是直

1 米哈伊里迪斯.毕达哥拉斯谜案.姚人杰，译.北京：新星出版社，2010: 235–236.

径 1 厘米的圆瓷砖。那么，我们能摆放进多少块瓷砖？[1]

直觉告诉我们，将 100 个圆形瓷砖排成 10 行 10 列，恰好覆盖整个正方形（图 1–40）。但这并非最紧密的覆盖方法。事实上，将瓷砖排成 11 列，其中 6 列各含 10 块瓷砖，5 列各含 9 块瓷砖，于是，在正方形内共装了 105 块瓷砖（图 1–41）。

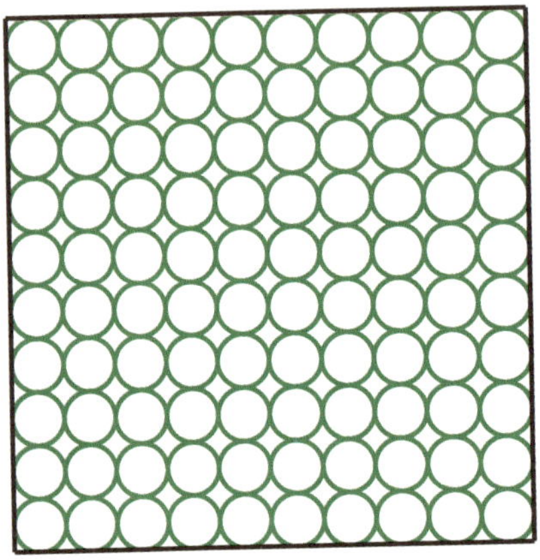
图 1–40 圆形瓷砖的方阵装法

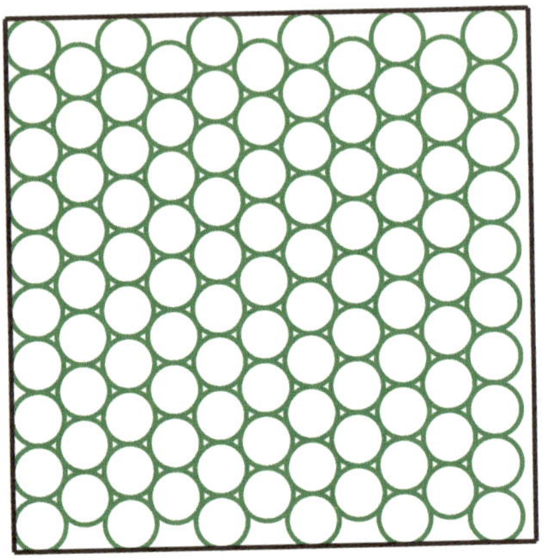
图 1–41 圆形瓷砖更紧密的装法

不仅如此，斯特法诺斯接下来还提出空间球体的覆盖问题。

此外，一些文学作品是关于数学家的。著名诗人徐迟的报告文学作品《哥德巴赫猜想》曾经风靡中国，数学家陈景润也因此成为家喻户晓的人物。以下是其中的片段[2]：

他气喘不已；汗如雨下。时常感到他支持不下去了。但他还是攀登。用四肢，用指爪。真是艰苦卓绝！多少次上去了摔下来。就是铁鞋，也早该踏破了。人们嘲笑他穿的鞋是破了的；硬

1 米哈伊里迪斯 . 毕达哥拉斯谜案 . 姚人杰，译 . 北京：新星出版社，2010: 80–83.
2 徐迟 . 哥德巴赫猜想 . 人民文学，1978（1）：53–68.

是通风透气不会得脚气病的一双鞋子。不知多少次发生了可怕的滑坠！几乎粉身碎骨。他无法统计他失败了多少次。他毫不气馁。他总结失败的教训，把失败接起来，焊上去，作登山用的尼龙绳子和金属梯子。吃一堑，长一智。失败一次，前进一步。失败是成功之母；成功由失败堆垒而成。他越过了雪线，到达雪峰和现代冰川，更感缺氧的严重了。多少次坚冰封山，多少次雪崩掩埋！他就像那些征服珠穆朗玛峰的英雄登山运动员，爬呵，爬呵，爬呵！而恶毒的诽谤，恶意的污蔑像变天的乌云和九级狂风。然而热情的支持为他拨开云雾；爱护的阳光又温暖了他。他向着目标，不屈不挠；继续前进，继续攀登。战胜了第一台阶的难以登上的峻峭；出现在难上加难的第二台阶绝壁之前。他只知攀登，在千仞深渊之上；他只管攀登，在无限风光之间。一张又一张的运算稿纸，像漫天大雪似的飞舞，铺满了大地。数字、符号、引理、公式、逻辑、推理，积在楼板上，有三尺深。忽然化为膝下群山，雪莲万千。他终于登上了攀登顶峰的必由之路，登上了（1＋2）的台阶。

也许，迄今关于数学家的最有名的文学作品，是美国女作家西尔维娅·娜萨（Sylvia Nasar）根据著名数学家纳什的真实故事写成的《美丽心灵》。据此改编的电影《美丽心灵》于2002年荣获第74届奥斯卡最佳影片奖和最佳导演奖。

1.4　数学与诗

数学和诗歌两者却有着千丝万缕的联系：在古代，数学问题及其解答、运算法则常常以诗歌形式来表达（参阅问题研究[1–1]、[1–2]、

[1–3]、[1–4]）；数学家本人也可能是诗人；数学家用数学方法来分析诗歌；诗人用自己的作品歌颂数学家的业绩；诗歌中融入了数学的概念或意象，等等。

历史上有不少诗歌运用了数学的概念或意象。中世纪欧洲两个最伟大的诗人——但丁（Dante, 1265—1321）和乔叟（G. Chaucer, 1342—1400）的作品中含有丰富的数学和科学知识。

16 世纪，欧洲数学教科书的作者常常用诗歌来宣扬数学的价值。英国数学家罗伯特·雷科德（Robert Recorde, 1510—1558）在其几何课本《知识之途》中这样宣扬几何学的价值[1]：

图 1–42　但丁（梵蒂冈，1965）

图 1–43　雷科德

既然商人们利用货船成为富豪
那么从他们开始说起可谓正巧
海上扬着风帆载着货物的商船

1　Fauvel J, Gray J (eds.). *The History of Mathematics: A Reader*. Hampshire: Macmillan Education, 1987: 279–290.

最初用几何发明，今天仍用几何建造
它们的罗盘和标度板、它们的滑轮和锚
无不包含智慧几何学家的发明技巧
枕木和其他部件的安装
无不充分展示几何艺术的高超
木匠、雕刻工、细木工和石工
还有那油漆工、绘画师、刺绣工、铁匠各领风骚
如果他们想机智地完成自己的职责
就得利用几何学来充实自己的头脑
马车和犁，都是用这美好的几何学来制造
几何使得它们的尺寸不失分毫
裁缝和鞋匠的作品，不论何种款式和大小
失去了比例又怎能得到人们的看好
织布工也以几何为基础
看他们的机器构架，想象多奇妙
旋转的轮子、碾磨的臼石
水或风驱动着磨粉机运转奔跑
几何的作品在贸易中是如此不可缺少
如果它们消失，很少有人能重新设计完好
一切须借助度量衡来完成的事情
没有了几何证明，就再也确定不了
用以划分时间的钟表
是我们所见到的最智慧的发明创造
由于它们稀松平常因而不受重视
艺人受到轻视，工作没有酬报

但若它们变得稀罕，只是作为一种炫耀
那么人们将会知道
绝没有哪一门艺术能像几何学那样
如此智慧美妙、对人类如此必要

而托马斯·希尔（Thomas Hylles）在其《通俗算术》中也利用诗歌来宣扬数学的价值[1]：

任你是哪个民族、哪个时代、哪个成人或哪个小孩
这儿只有智慧是赢家
幼儿学语咿呀，而数教会人们说话
从最多到最少，数的影响何其巨大
那些不会数数的人们，与兽类无差
缺少这适合于人类学习的独一无二的艺术
还有谁会比这样的人更愚傻
许多动物在许多事情上远远超出人类
但只有人类能够心中有数毫厘不差
人兽之间不过是一“数”之隔
来学习数学吧，这儿是这门艺术之家
如果你想做一名威武的军人
如果你想谋一官半职享受富贵荣华
如果你想在你居住的庭院或乡间
选择物理、哲学或法律作为你的生涯
没有数学这门艺术

1 Fauvel J, Gray J (eds.). *The History of Mathematics: A Reader*. Hampshire: Macmillan Education, 1987: 279–290.

你的名声将永无闻达
我掌握了天文和几何学
宇宙学、地理学和许多别的学科不在话下
还有那悦耳动听的音乐
没有这门艺术，你就成了井底之蛙
你对它一窍不通，更不必说去作研究
没有了数，连那平常的计算都乱如麻
如果你想投身商贾
本书含有你所需要的任何算法
只因拥有了这一门艺术
你的思想和才能得到尽情挥洒
哪怕你仅仅是个牧羊人
没有数的帮助，完成职责亦将艰难有加
数带给人类的益处实在是数不胜数
我用一枝拙笔难以刻画
一言以蔽之：没有数学
人将不再是人而只是木头或石沙

17 世纪，英国著名诗人约翰·多恩（John Donne, 1572—1631）和安德鲁·马佛尔（Andrew Marvell, 1621—1678）通过欧氏几何中的圆、平行线之类的数学概念来类比爱情。多恩在《告别辞：不要悲伤》中将一对恋人的灵魂比作圆规的两脚：

即使是两个，也得似这样
　和坚固的两脚圆规相同，
你的灵魂是定脚，它坚强

图 1-44　多恩

图 1-45　马佛尔

不动，另一脚动，它才动。
尽管它居坐在两者中心，
另一个在远处漫游时分，
它侧身，倾听它的动静，
另一个回家，它也直起身。

你对我就是如此，我像那
另一个脚，斜行于边沿；
你的坚定使我的圆无偏差，
使我的终点汇合于起点。

这里，圆规两脚之间的呼应象征着爱情的忠贞与和谐，终点汇合于起点则象征着爱情的完美与永恒[1]。

1　陆钰明．多恩爱情诗研究．上海：学林出版社，2010: 142.

马佛尔在其诗歌《爱的定义》中利用平行线来“定义”爱情——

像直线一样，爱也是倾斜的，
它们自己能够相交在每个角度，
但我们的爱却是平行的，
尽管无限，却永不相遇。

在欧氏几何中，平行线永不相交，诗人以此来类比两个相爱的人无缘走到一起。

19 世纪初，英国著名诗人雪莱（P. B. Shelley, 1792—1822）的诗歌《解放了的普罗米修斯》中第四幕的一节：

我在黑夜的金字塔下转动，
这金字塔怀着欢欣高耸入天空，
在我沉醉的睡梦里把胜利的欢歌呢哝；
如同一个年轻人躺在美丽的阴影中，

图 1-46　雪莱

图 1-47　约瑟夫 · 赛芬（Joseph Severn）作品：雪莱创作《解放了的普罗米修斯》

做着缱绻的好梦，轻声叹息，

光明和温暖坐在身边细心地侍奉。

同时期英国著名数学家怀特海（A. N. Whitehead, 1861—1947）认为，“只有内心世界展现着一幅特定几何图形的人才能写出这样的诗歌来，而讲解这张图形，常常正是我在数学课堂中要做的事情。”[1]

图 1-48 雨果（民主德国，1952）

诗歌有时也反映某个时代数学教育的状况，如法国著名作家和诗人维克多·雨果（Victor Hugo, 1802—1885）于1864年用诗歌向我们描述了他少年时代学习数学的经历[2]：

我是数的一个活生生的牺牲品

这黑色的刽子手让我害怕

我被强制喂以代数

他们把我绑上布瓦-贝特朗的拉肢刑架

在恐怖的 X 和 Y 的绞刑架上

他们折磨我，从翅膀到嘴巴

……

直角坐标系成了绞刑架，解析几何令人望而生畏。但雨果同时也认为，

1 Fauvel J. Mathematics and poetry. In: Grattan-Guinness I (ed.). *Companion Encyclopedia of the History and Philosophy of Mathematical Sciences*(Vol.I). Lodon: Routledge, 1994: 1644-1649.

2 同上 .

图1-49　柯勒律治（马耳他，1990）

“在精确性和诗意之间并无任何不可调和的地方。数字既存在于艺术之中，也存在于科学里面。”[1]

相对而言，英国著名诗人柯勒律治（S. T. Coleridge, 1772—1834）则是数学的爱好者。他将数学视为真理的精髓，为这门学科“只拥有这么少、这么无精打采的崇尚者”而感到奇怪。柯勒律治以诗歌来表达《几何原本》第一卷第一个命题[2]：

这是第一个命题，
这是第一个问题。
有一条已知的线段，
水平位置不偏又不倚；
我要作一个三角形，
三边的长度不差毫厘。
设已知的线段为AB，
水平位置不偏又不倚；

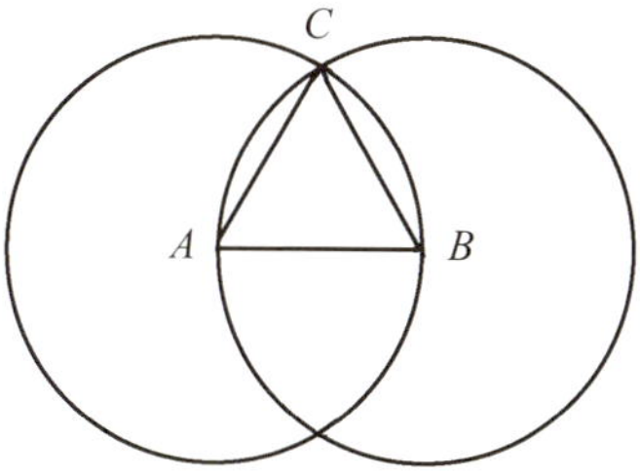

图1-50　《几何原本》的第一个命题

1　莫洛亚 安德烈·雨果传（上）. 程层厚，等，译. 北京：人民文学出版社，1989：76.
2　萨巴 卡尔. 黎曼博士的零点. 汪晓勤，等，译. 上海：上海教育出版社，2008.

伟大的数学家，
设置了这个问题：
在其上作出三角形，
三边的长度不差毫厘：
理性，助我们一臂之力，
智慧，助我们一臂之力！

图 1–51 亚瑟 · 奎勒–柯奇

英国著名作家、诗人亚瑟 · 奎勒–柯奇（Arthur Quiller-Couch, 1863—1944）爵士则模仿苏格兰谣曲，借助故事戏谑性地叙述了《几何原本》第一卷第一个命题的作图与证明[1]。原谣曲讲的是派屈克 · 司本斯爵士受苏格兰国王詹姆斯（James）之命航行出使挪威、返航途中不幸遭遇风暴而葬身大海的故事。摹仿的数学谣曲中，派屈克 · 司本斯爵士摇身变为数学家：

王上坐在顿芬林城堡里，
　喝着血一样红的酒：
"谁能给我作一个等边三角形，
　在一条已知直线上头？"

王上的右边坐着老骑士，
　他立刻站起来启禀：

1 Quiller-Couch A. A New ballad of Sir Patrick Spens. *Mathematics Teacher*, 1955(1): 30–32.

“在格兰达旁边的文官中，
  数派屈克爵士最聪明。

“他曾师从托德·亨特，
  托德·亨特可不捕狐狸[1]，
如果给他一条直线段，
  他会勇敢地完成这难题。”

于是王上就写了封长信，
  御笔一挥又把大名题，
送交派屈克·司本斯爵士——
  他那时正在求 π 的值。

他全神贯注地把商算，
  才刚刚得到整数三，
信使便闯入了他跟前，
  他屈着膝把国王的信拆看。

派屈克爵士读了第一个字，
  “另有……”他口中念，
派屈克爵士读了第二个字，
  “原来是‘另有重赏’的诺言。”

派屈克爵士读了最后一个字，

1 托德亨特（I. Todhunter, 1820—1884）是19世纪英国十大数学名家之一，而在英文中，“Tod-hunter”是“捕狐狸的猎手”的意思。

泪水迷糊了他的眼睛。
“我最羡慕的英镑，
可惜不是苏格兰现金。”

他急急走到东墙边，
又急急走到北墙，
他拿了一副圆规在手，
站立在福思河岸上。

福思河上波涛汹涌，
一浪更比一浪惊骇，
从没见过这暴风雨，
但又怎及他心潮澎湃。

驾舟穿过了福思河，
司本斯来到顿芬林城：
尽管肚子一路闹不停，
他还是给王上深深鞠了个躬。

“直线，直线，一条上佳的直线，
哦，陛下，请快快提供！
我要丝做的那种，
不粗不细正适中。”

“不粗又不细？”王上摇摇头，

"如果在我们苏格兰，
能找到你所定义的直线，
我就把这冠绶一口吞咽。"

"尽管找不到这样的直线，
但我可以用直尺作出来。"
司本斯用他那小小的笔，
轻轻松松地作出了线段AB。

他庄重地跨步走向墙壁，
他庄重地走向西边；
"你摸摸纽扣，"派屈克爵士说，
"其余的事由我来管。"

他张开圆规的一脚，
把它放到中心A，
他张开另一脚，从A直到B——
"你这苏格兰家伙，让开！"

他再移动圆规的脚，
把它放到中心B点，
他张开另一脚，从B直到A
如法炮制画了个圆圈。

一个小圆是BCD，

另一小圆叫 ACE。
“我作得可不错，”派屈克说，
“它们相交在一起。”

“瞧一瞧，它们相交在哪——
点 C 呈现在你眼前。
看我从 C 作线段
把点 A 和 B 各相连。”

“你得到了个小小三角形，
和你所见过的一般玲珑；
它可不是个等腰形，
更不会三边各不同。”

“请证明！请证明！”王上叫道：
“如何，又为什么如此！”
派屈克爵士抖着胡子哈哈笑——
“这得从假设说起——

“当我还在母亲的肚子里，
母亲就告诉这个真理：
与同一个量相等的量，
它们彼此相等必无疑。

“在我画的第一个圆里，

有两条线段 BA 和 BC，
千真万确它们都是半径，
长度相等不差毫厘。

“同理再看第二个圆，
逆时针方向画出来，
中间含着两条半径，
AB 和 AC 是对双胞胎。

“现在两两共三对，
每一对彼此都同长，
它们肯定全相等
一条叠在一条上。”

“现在我深信不疑，”詹姆斯国王开口说，
“平面几何多神奇！
倘若波茨[1]在苏格兰写作，
《几何原本》不知有多清晰！”

1.5　鱼和熊掌

一流的作家中，除了前面提到过的陀思妥耶夫斯基、穆西尔、托尔斯泰外，德国诗人诺瓦利斯（Novalis, 1772—1801）、法国诗人瓦雷里（P. Valéry, 1871—1945）、奥地利作家布罗赫（H. Broch, 1886—

1　波茨（R. Potts, 1805—1885）是与托德亨特同时代的英国数学家，他所编辑的《几何原本》在当时的英美等国的学校里被广泛使用。

图 1-52 诺瓦利斯

1951)、德国作家司米特(A. Schmidt, 1914—1979)、苏联著名作家及诺贝尔文学奖得主索尔仁尼琴(A. Solzhenitsyn, 1918—2008)等都曾受过很好的数学训练。诺瓦利斯被托马斯·卡莱尔(Thomas Carlyle, 1795—1881)称为“德国的帕斯卡”,他有一句名言:“数学乃是神的生命。”瓦雷里年轻时对数学和科学十分着迷,因为它们向他展示了小时候看大海时所欣赏到的美和神秘。后来他始终保持着对于数学和科学的爱好,1925 年当选为法兰西科学院院士。索尔仁尼琴则当过数学教师。

图 1-53 索尔仁尼琴(左)与普京

另外一些作家，像德国作家卡斯特涅（A. G. Kästner, 1710—1800）、苏格兰著名文学家、社会批评家和历史学家卡莱尔等，都曾对数学教育做过重要贡献。

卡莱尔出生于 1795 年 12 月 4 日，5 岁上学，11 岁时上安南中学，在中学的三年里，卡莱尔学习法文和拉丁文，粗通几何，且在代数和算术方面打下了基础。1809 年 11 月，14 岁的卡莱尔考入苏格兰的学术中心、离家一百英里之遥的爱丁堡大学。在大学里，他选修了自然哲学、拉丁语、希腊语、逻辑学和数学等课程。在所有课程中，卡莱尔最感兴趣的是数学。他的数学老师、苏格兰数学家莱斯利（J. Leslie, 1766—1832）发现了他的数学才能，不遗余力地为他提供帮助。莱斯利对卡莱尔产生了深深的影响，卡莱尔后来回忆说：

> 在我的老师中，唯独莱斯利教授有真才实学，并激起了我的热情。好几年来，几何学作为所有科学中最崇高的学科在我面前

图 1-54　卡莱尔

图 1-55 《拼凑的裁缝》扉页

熠熠生辉，在所有最佳时光里和最佳心情下，我学的都是这门学科。[1]

在爱丁堡大学，卡莱尔给出了任意一元二次方程实根的一个十分新颖、简洁的几何求法（参阅问题研究 [1–5]）。

1813 年，卡莱尔从爱丁堡大学毕业，翌年他获得了母校安南中学年薪 70 镑的数学教职。在去安南中学接受面试的旅途中，卡莱尔一直忘我地思考数学问题，他后来回忆道:“当一起坐船的可敬的同伴们沉浸在政治、邮递马车、农场等话题的谈论中时，我拿出一位朋友的定理，沉浸在我的思考中……到达顿弗里郡时，我几乎完全把世事抛在了脑后；并且几乎相信一个角是可以三等分的。”[2] 最终，安南中学校长选择了卡莱尔。

但卡莱尔并不适合做教师，执教鞭的日子越来越让他厌烦。他曾痛苦地说:“在学校里教书简直是快速毁灭的同义语！”他还喜欢用“笨驴”来形容他的学生。1816 年，在恩师莱斯利的推荐下，他离开安南中学，转到柯克卡尔迪一所文法学校任教。然而，他内心深处的那种厌恶感与日俱增。每天教学之余，陪伴他的是牛顿的《自然哲学的数学原理》。他晚年回忆说，他早年最快乐的时光乃是在一天工作结束后待在寝室里的那些夜晚，夜复一夜地读牛顿的这部名著，常常读到凌晨三点。牛顿被他视为世上最伟大的人物，甚至到晚年，他也一再宣称，他从未遇到过任何能和牛顿引力定律相提并论的科学发现，尽管他曾遇到过“许多伟大的人物”。

1821 年秋，卡莱尔受苏格兰著名物理学家布鲁斯特（D. Brewster,

---

1 Wursthorn P A. The Position of Thomas Carlyle in the History of Mathematics. *Mathematics teacher*, 1966, **70**: 755–770.

2 同上。

1781—1868）的委托，翻译法国著名数学家勒让德（A. -M. Legendre, 1752—1833）的《几何基础》。他每天7点到8点之间起床工作，直到早饭时间。早饭后，步行1英里去国王大街教三个学生数学；接着去乔治大街教一位船长平面几何，直到11点。然后，回住所完成他每天4小时的翻译工作。卡莱尔不仅翻译了勒让德的著作，而且还增加了关于比例的一节。他后来回忆道：

> 我仍然记得在一个快乐的上午（大概是星期天），我翻译第五卷（即完整的比例理论），它很完善、明白易懂，并且是我所知道的最简洁的一个……全部翻译工作我仅能得到50英镑的辛苦费，我已不再拥有对于数学进步的那点点自豪；但它是通过诚实的工作完成的，尽管可能只是为了面包和水。[1]

卡莱尔的译本影响很大。从1834年起，它成为美国人的几何教科书，完全取代了欧几里得的《几何原本》，前后共出了28个版本。

有趣的是，卡莱尔后来有幸遇见了高高瘦瘦、满头白发的勒让德，他把卡莱尔带到研究所，在那里卡莱尔还见到了法国著名数学家拉普拉斯。

《几何基础》的翻译标志着卡莱尔数学工作的结束。不过，卡莱尔在后来的写作中常用数学语言来表达他的思想。如在《拼凑的裁缝》中，卡莱尔写道：

> 所以我要说的事千真万确：要扩大生活这个分数值，与其加大分子，不如减小分母。不止如此，除非我的代数骗我，一除以

1　Wursthorn P A. The Position of Thomas Carlyle in the History of Mathematics. *Mathematics teacher*, 1966, **70**: 755–770.

零应该是无穷大。把你对报酬的要求变为零，那么整个世界都会在你的脚下。我们时代最聪明的人写得好："确切地说，只有克制自己，才能开始生活。"[1]

在历史上，集数学家与文学家于一身的不乏其人。11 世纪波斯诗人奥玛·海亚姆（Omar Khayyam, 1048—1131）是一位数学家，其代表性数学成就是三次方程的几何解法（参阅问题研究 [1-6]）。奥玛·海亚姆的四行诗集《鲁拜集》曾风靡全世界。以下是菲茨杰拉德（Edward Fitzgerald, 1809—1883）英译本初版（1859）第 11 首[2]（郭沫若译）：

树荫下放着一卷诗章，
一瓶葡萄美酒，一点干粮，
有你在这荒原中傍我欢歌，
荒原呀，啊，便是天堂！

图 1-56 奥玛·海亚姆作品（圭亚那，1999）

1 卡莱尔 托马斯．拼凑的裁缝．马秋武，等，译．南宁：广西大学出版社，2004: 177.
2 伽亚谟 莪默．鲁拜集．郭沫若，译．北京：中国社会科学出版社，2003. 第 12 首．

图 1–57　奥玛 · 海亚姆作品（迪拜，1967）

图 1–58　奥玛 · 海亚姆（阿尔巴尼亚，1996）

这优美的诗句曾经造就了人间多少美丽的爱情故事，与之相比，红尘中那些铜板味十足的婚姻，显得多么黯淡！

17 世纪法国著名数学家帕斯卡（B. Pascal, 1623—1662）也以其文学才能著称于世，他的《外省人来信》是法国文学史上的名著，伏尔泰（Voltaire）曾将其称为“在法国出版的写得最好的书”。

晚清思想家王韬在其日记中记载了清末数学家李善兰（1811—1882）的一则故事——

> 壬叔云：昔年同艾约瑟至杭，乘舆往游天竺，为将军所见。时西人无至杭者，闾阎皆为惊诧。将军特谕仁和县往询，县令希上意，立逐艾君回沪，而将壬叔发回本州。壬叔因献诗州守，曰：游山不合约波臣，奉遣还乡判牍新。刺史风流公案雅，递回湖上一诗人。州守见之大喜，立赠以金遣之[1]。

图 1-59 艾约瑟

图 1-60 李善兰

1 王韬 . 王韬日记 . 北京：中华书局，1987.

图 1-61　哈代

图 1-62　柯瓦列夫斯卡娅（俄罗斯，1996）

李善兰带洋人去尚未对洋人开放的杭州，本该受到处罚；可这位才华横溢的大数学家却以一首精彩的短诗博得了知府的赏识，从而扭转了尴尬局面，体面地回到故里，真可谓进退自如！

英国著名数学家哈代（G. H. Hardy, 1877—1947）以诗一般的语言写下了《一个数学家的辩白》[1]。

俄国著名女数学家索菲亚·柯瓦列夫斯卡娅（Sofya Kovalevskaya, 1850—1891）在文学上也负有盛名，她的《童年的回忆》具有经久不衰的文学价值。她在给友人的信中写道：

> 本世纪最杰出的数学家之一（魏尔斯特拉斯）曾经完全正确地说过，没有诗人的心灵是不可能成为一位数学家的。对我来说，诗人只是感知了一般人所没有感知到的东西，他们看得也比一般

1　哈代. 一个数学家的辩白. 王希勇，译. 北京：商务印书馆，2007.

人更深刻。其实数学家所做的不也是同样的事吗？拿我自己来说吧！我这一辈子始终无法决定到底更偏好数学呢，还是更偏好文学。每当我的心智为纯抽象的玄思所苦，我的大脑就会立即偏向人生经验的省察，偏向一些美好的文艺作品；反之，当生活中的每一件事令我感到无聊且提不起劲来时，只有科学上那些永恒不朽的法则才能吸引我。如果我集中精力于一门专业，我很可能会在这一专业上做出更多的工作，但我就是不能放弃其中的任何一门。[1]

当平行线和虚数概念、非欧几何和微积分思想成了文学家的工具，当数学、历史与文学在金庸武侠小说中融为一体，当海亚姆那智慧的诗句震撼着我们凡俗的心灵，当卡洛尔的童话世界迷倒了无数的成人和孩子，当李善兰在突发事件中用诗歌化解尴尬，当柯瓦列夫斯卡娅告诉我们她一辈子始终无法决定到底更偏好数学还是更偏好文学，当哈代以优雅的文笔写下自己对于数学的辩白，当无穷无尽的圆周率引得诺贝尔奖得主维斯拉瓦·申博尔斯卡文思如泉涌时，谁能说数学和文学像鱼和熊掌？谁又能说两种文化之间的鸿沟不可逾越？

问题研究

1–1. 约公元 500 年希腊学者米特洛多鲁斯（Metrodorus）所编《希腊选集》中，载有诗歌形式趣味数学问题[2]，以下是其中两题。

（1）行人啊，请稍驻足 / 这里埋葬着丢番图 / 上帝赋予他一生的六分之一 / 享受童年的幸福 / 再过十二分之一，两颊长胡 / 又过了七分之

---

1 Koblitz A H. *A Convergence of Lives—Sofia Kovalevskaia: Scientist, Writer, Revolutionary*. Boston: Birkhäuser, 1983.

2 *The Greek Anthology with an English Translation by Paton W R* (Vol.V). Cambridge: Harvard University Press, 1979: 27–107.

一，燃起结婚的蜡烛 / 贵子的降生盼了五年之久 / 可怜那迟到的宁馨儿 / 只活到父亲寿命的半数 / 便进入冰冷的坟墓 / 悲伤只有通过数学来消除 / 四年后，他自己也走完了人生旅途。

（2）旋转不停的黄道上的日、月和五星 / 为你转出一幅神秘的天宫图 / 你一生的六分之一 / 与母亲相依为命把时光度 / 接下来的八分之一 / 被逼迫着给敌人做马牛 / 后面的三分之一 / 上帝保佑你平安地回到了故土 / 你有了妻子和迟到的儿子 / 每天的生活过得无忧无愁 / 谁知不幸再次降临你头上 / 塞西亚人的长矛把妻儿的生命夺走 / 整整二十七个冬夏春秋 / 你那悲伤的眼泪不停地流 / 为什么命运之神如此残酷 / 让你凄凉地走到生命的尽头。

试求出两个问题中的寿数。

1–2.《丽罗娃蒂》（*Līlāvatī*）是中世纪印度著名数学家婆什迦罗的数学名著，丽罗娃蒂是他女儿的名字。有一个故事说：占星家预测丽罗娃蒂的婚姻永远无成，但是婆什迦罗找到了一个解运的办法。他做了一个可漂浮在水面上的杯子，底部开一个很小的洞，水可慢慢流进，一小时后若杯子沉没，则女儿就可摆脱厄运。在一个良辰吉日，婆什迦罗施行解运术。由于好奇心，女儿丽罗娃蒂观看杯中水逐渐上升，突然，有一颗珍珠从她身上掉入杯子里，恰好堵住了进水口，一小时后杯子并没有沉没！因此，丽罗娃蒂还是要面对永远结不了婚的命运。为了安慰女儿，婆什迦罗说:“我要写一本书，以你的名字为书名，让你流芳万世；因为好名声是一个人的第二生命，也是不朽的基础。”婆什迦罗做到了，了却了他的心愿。《丽罗娃蒂》中，亦包含许多以诗歌形式来表达的数学问题，如：园内花开扑鼻香，诱得蜜蜂采蜜忙。嘤嘤嗡嗡闹如市，熙熙攘攘数难详。总数之半开平方，飞入花间把身藏。又有总数九之八，徜徉园外戏春光。一只雄蜂循香至，可怜身陷莲花房。一只雌蜂来救援，悲伤低回在花旁。丽罗娃蒂请教我，蜜蜂数目可知详？试求出蜜蜂数。

1–3. 我国明代数学家程大位在其《算法统宗》中多以诗歌来表达问题的解法，而最后的“难题”都以诗词形式表述[1]。“西江月”：“平地秋千未起，板绳离地一尺。送行二步恰竿齐，五尺板高离地。仕女佳人争蹴，终朝语笑欢戏。良工高士请言知，借问索长有几？”“水仙子”：“元宵十五闹纵横，来往观灯街上行。我见灯上下，红光映。绕三遭，数不真：从头儿三数无零，五数时四瓯不尽，七数时六盏不停。端的是几盏明灯？”试解这两个问题。

1–4. 18 世纪数学刊物《女士日记》（*The Ladies' Diary*, 1704—1840）在创办初期所载的数学问题往往是用诗歌形式来表达的，而且问题的答案也是以诗歌形式给出[2]。如 1711 年的一个问题是这样叙述的：“一天晚上遇见个补锅匠，他的舌头比脑瓜更灵光。他口若悬河不停对我讲，说自己的手艺举世无双。我要他做个平底的酒壶，试探他是不是吹牛大王：壶顶壶底是大小两个圆，直径的长短按照五三量。十二英寸高分厘不能爽，十三加仑啤酒恰恰满装。他爽快答应立即动手忙，把锤子敲得叮叮当当响。做成了酒壶再把容积量，十三加仑水溢出往外淌。他改短直径脚乱又手忙，结果十三加仑又不够装。他又修改尺寸费尽思量，这回十三加仑恰恰满装。量量直径可惜又不够长，吹牛的补锅匠好不懊丧。酒壶一会太大一会太小，最后把壶儿弄得不成样。他信誓旦旦还信口雌黄：不达目的便毁一切家当！于是我请求帮他一个

1 程大位．算法统宗．见：郭书春，主编．《中国科学技术典籍通汇》（数学卷）（第 2 册），沈阳：辽宁教育出版社，1994.

2 Miller G A. *Historical Introduction to Mathematical Literature*. New York: The Macmillan Company, 1927: 38–39.

忙，生怕他断了生路空悲伤。凭他那平平庸庸脑袋瓜，永远也别想找出直径长。”试解上述圆台体积问题。

1–5. 设一元二次方程为 $x^2 - bx + c = 0$。如图 1–63，在直角坐标系中作出点 $B(0, 1)$ 和 $A(b, c)$。以 AB 为直径作圆 C，交 x 轴于 M、N。试证明卡莱尔的结论：M、N 的横坐标即为二次方程的两个实根。

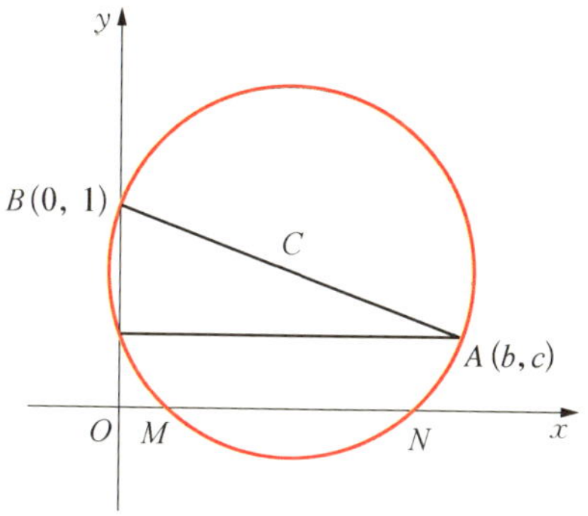

图 1–63

1–6. 为了解三次方程 $x^3 + bx = c$，奥玛 · 海亚姆令 $b = p^2, c = p^2q$，将方程化为 $x^3 + p^2x = p^2q$，再将其转化为二元二次方程组 $\begin{cases} x^2 = py \\ y^2 = x(q-x) \end{cases}$，于是，原方程可以通过抛物线 $x^2 = py$ 和圆 $y^2 = x(q - x)$ 的交点来求解。试利用奥玛 · 海亚姆的几何方法解三次方程 $x^3 + 4x = 8$。

1–7. 英国数学家、哲学家罗素（B. Russell）在《数学原理》中写道:“在这个反复无常的世界里，没有什么比一个人死后的名声更反复无常的了。后人判断不公的最大牺牲品是厄里亚的芝诺（Zero of Elea）。他发明了四个悖论，妙不可言、深不可测；可是后世哲学家却粗俗地称他仅仅是个聪明的骗子，他的四个悖论全都是诡辩。经过两千年反复不断的辩驳之后，一位德国教授恢复了这些诡辩原有的价值，并使其成为数学复兴的基础。”芝诺悖论之一为“阿喀琉斯追龟问题”：跑得快的人永远追不上跑得慢的人；因为追者必须先到达被追者的出发点，这样跑得慢的人总是领先于跑得快的人一段距离。

假设一开始阿喀琉斯距乌龟 1000 米。阿喀琉斯的速度是乌龟的 10 倍。问：阿喀琉斯在何处追上乌龟？

1–8. 在西班牙电影《费马的房间》里，有如下问题：

（1）有三个糖果箱，分别装有椰子糖、榴莲糖和这两种糖的混合，而且在每个箱子外面都分别贴上了一个标签，内容是“椰子糖”“榴莲糖”和“混合糖”，但全部标签都是贴错的。你可以通过拿箱子里面的一颗糖果出来看，而重新将正确的标签贴在对应的箱子上，最少拿多少个箱子的糖果就能完成纠正工作？如何操作？

（2）一个封闭的房间只有一扇门，在门外有三个开关，其中只有一个是房里面电灯的开关，你只能进去房间一次，如何判断哪个开关才是电灯的？

（3）有两个沙漏，分别 4 分钟和 7 分钟漏完里面的沙子，那如何利用它们判断 9 分钟时间呢？

（4）面前有两扇门，其中只有一扇是通往自由之门，但你不知道。两扇门前都分别站着一个门卫，其中一个只会说谎，另一个决不说谎，你只能问他们一样的问题来找出自由之门，这个问题该怎样问呢？

试解决上述问题。

1–9. 在王蒙所介绍的机会游戏中，摸出 3322、4321、4222、4330、4411、5311、5410、5500 的概率分别为多少？

第 2 讲

角逐失败

如果有谁企图证明一个一知半解或全然无知的人在纯思维上有大作为，那就请他把此人带来，让我们看看。

——德摩根

自希腊古典时期雅典的辩士学派——鼎盛于公元前 5 世纪末的一群职业教师——提出化圆为方、三等分角和倍立方这三大尺规作图难题以来，我们所生活的这个地球上就一直有人过不上平静的日子。如果说当年阿那克萨哥拉（Anaxagoras, 前 500—前 428）在铁窗下很充实地消磨寂寞时光，乃是受益于化圆为方问题的话，那么这样的受益者实在屈指可数。阳光下有的是好奇、好胜、好高、好名、好奖的“五好牌”们。即使是 1755 年法国科学院作出不再审查化圆为方问题解法的重要决定［这都是蒙蒂克拉（J. E. Montucla）惹的祸，他在上一年出版了《圆积研究史》］后，“五好牌”们依然前仆后继，粉墨登场[1]。

1　汪晓勤 . 一卷永不过期的数学狂怪档案 . 自然辩证法研究 , 2004, **20**(9): 86-89.

年后，一位名沃森韦尔（Vausenville）的化圆为方者强烈要求科学院收回成命，为他授奖。

1837 年，年轻的法国数学家万采尔（P. L. Wantzel, 1814—1848）证明了三等分角和倍立方尺规作图之不可能性。1882 年，德国数学家林德曼（C. Lindemann, 1852—1938）证明了 π 的超越性，从而证明了化圆为方的尺规作图之不可能性。以后数学家们又建立了两条一般定理：

定理 1 任何可用尺规由已知单位长度作出的量必为代数数；

定理 2 若一有理系数三次方程没有有理根，则它的根不可能用尺规由一给定单位长度作出。

或许你会说，迷恋于这三大难题的人至此总该死心塌地了。然而，事实完全不是这样。失败的角逐者们，依然故我，乐此不疲。

2.1 “计算大师”

一开始人们管我叫作圆
是一条曲线环绕了一圈
就像那天上太阳行走的路线
或是那绚丽的彩虹横跨云间
我可是一个高贵的图案
缺少的唯有起点和终点
但现在的情况让我倍觉讨厌
一些新角似乎要把我给污染
这件事阿契塔从没做过
连伊卡洛斯之父也未曾试探
试问能求出我的面积者
到底是何方幸运的神仙

在那深深的托里亚海角
和波光粼粼的美丽湖畔
有一个富足快乐的国家
她离古萨宫斯特并不遥远
这个地方住着一位老诗人
他夜夜仰观星辰从不间断
他常常作出自己的发现
让那些智者们望洋兴叹
这老者到哪儿都冥思苦想
常常忘了自己的三餐饭
他不知道如何放好圆规
也不知道怎样作好直线
千真万确，就是这位大师
把你的面积精确地来计算

这是 16 世纪荷兰人法尔科（Jacobus Falco）虚拟的一场对话。第一段是圆“说”的话，第二段则是作者自己的回答。法尔科管自己叫诗人，我们不该有意见，因为他的诗的确写得不赖；他仰观星辰，夜夜不辍，思索问题，废寝忘食，这种科学研究精神也实在令我们敬佩，让我等汗颜；但是，因为“精确”地计算出了圆面积而自贴“大师”标签，我们……

2.2　掘井师傅

如果我们所生活的这个世界上没有什么方啊圆啊的，那么许多“五好牌”的生活一定会平静得多。但事实偏偏不是这样。这不，一位斗大的字不识一升的法国人拉孔先生生活开始变得不平静起来。那是 1836 年的事，从事掘井工作的拉孔先生造了个圆形蓄水池，为了在池底铺石，他需要知道石方；为此他去请教一位数学教授。当他向教授提出这个问题，并告知池底直径时，教授这样告诉他："我无法告诉你精确的数值，因为迄今还没人能求得出圆周和直径的精确比值。"

拉孔着实吃了一惊。强烈的好奇心驱使他暗暗下决心解决这个难题。一开始，他设计了一种机械方法，并自信已经获得了成功。从此，他开始自学数学，并用数学方法来求圆周率值，结果与机械方法所得完全"一致"！从那以后，他再也不想去挖什么井、造什么池了。他成功地实现了角色转换，扔掉了铁锹，执起了教鞭。他奔走呼号，大打圆周率品牌，为的就是要引起那些科学社团的注意，无奈好事多磨，事与愿违。不过他依然相信，是金子总会闪光！

1855 年，拉孔先生去了巴黎，好运果然来了。在那里，他偶然认识了一位年轻人，便立即向他"兜售"自己的圆周率计算方法。年轻人立即被迷住了，他回家在他那在警察局当专员的老爸面前竭力夸奖拉孔，并怂恿老爸给推荐推荐。于是专员就把这位"数学家"引荐给巴黎艺术与科学学会。学会立即成立一个专门委员会来审查拉孔先生的"发现"。不用说，委员会并没有找出什么茬，否则学会怎么会在 1856 年 3 月 17 日的会议上给拉孔先生颁发银质奖章呢？据说拉孔先生后来还荣获巴黎其他学会颁发的三枚奖章。

拉孔的圆周率结果到底是什么？请不要惊讶，它不过是一个古代巴比伦人已经获得过的老掉牙的分数：$\frac{25}{8}$。

2.3 钟表匠人

1849 年的某一天，一位钟表匠带着他的化圆为方论文来到伦敦，找上了大学学院大名鼎鼎的数学教授德摩根。这位化圆为方者此前曾致信当时的大法官，狮子大开口，要求大法官立即授权奖给他 10 万英镑。德摩根看了他的文章后，写了个小条子，大意说他还不具备能看清这个问题本质的必要数学知识。不久，他收到了钟表匠朋友的回信，信的字里行间都充满着怒火：

图 2-1　德摩根

摩根博士台鉴：

请容鄙人冒昧来函。野兽或有比我们更敏锐之双眼看清可见之事物，然其于精神之对象则视若无睹了。因此，那些自以为受外部对象支配、仅相信自己之眼睛和感觉、仅容得下自己肤浅之理解和想象的人，乃是与兽类最近的了！

鄙以为人人皆有其优点与才能，皆应视价值与益处而得到鉴赏与评价。不论其处于何种幸运抑或不幸之境地，人人皆乐于了解自身之价值与地位。拥有阁下之地位与荣誉者倘不能理解或解决可释以文字、解以数字的问题，则最好读读这句谚语：去做你会做之事。鄙人建议这等先生即刻改行，去主日学校与众孩子们厮混，学习能学之事。真诚感谢阁下之懦弱无能。

数学上胜阁下一筹者叩首

1849 年 6 月 29 日

五天以后，德摩根收到余怒未消的化圆为方者的第二封信，信中说，他已经把自己的论文寄给了美国的一位教授，对方对他的工作表示鼎力支持，并告诉他，凭这项工作在美国一定能拿大奖。他还说，他在自己的祖国受到不公正的对待，真想一走了之；但他又不想丢自己祖国的脸，如果他走了，全世界都会知道他在英国是如何受到冷遇的了。这回他谦虚了不少，署名“一个希望得到应得评价者”。德摩根本已把这事丢在一边；不料四天后，那“五好牌”钟表匠的一位朋友写来了一封信，弄得德摩根哭笑不得。信中写道[1]：

敝友曾亲奉其不同凡响的圆面积成果与阁下审阅，藉以寻求阁下之高见。他坚信阁下不仅会公正对待此事，而且以阁下之数学造诣，定能如实对该主题作出令人敬仰之决断。然而，阁下这样做了吗？如果阁下做了，不论决断如何，鄙人都将喜极而向阁下道贺；遗憾的是，阁下之回信不过了无价值之遁词而已。阁下说“很不幸，你（某某先生）会试图去解这个问题（化圆为方），因为你的数学知识还不足以让你明白该问题本质之所在”云云，可是阁下却只字不提问题本质到底在于什么，噢！阁下根本就没有研究过某某先生错在哪里，其实阁下心里清楚他是做出来了。他做出了阁下以及任何其他自封的数学家们做不出来的难题。阁下不肯坦率地承认他已经解决化圆为方问题，要我告诉阁下到底是什么原因吗？那是因为他已赢得自古以来数学家们梦寐以求的桂冠。正是这个贫穷的、卑微的匠人赢得了胜利，而阁下却不愿承认，不愿被打败，更不愿承认自己算错了；一句话，阁下的心胸太狭窄，不愿承认他是对的。

敝友曾询问我的看法，我坚决给予支持，我的看法不仅得到某某先生——家住南沃克地区的数学家和钟表匠，而且也得到美

1 De Morgan A. *A Budget of Paradoxes*. Chicago: The Open Publishing Co, 1915.

国数学教授和权威的支持。某某先生和我都认为，他至少和你一样权威。某某先生说美国政府鉴于他的发现将授予他硕士学位。如果儿女们要被迫到国外才能得到他们应得的回报，那么号称自由之乐土、艺术与科学之殿堂的古老的英格兰岂不丢尽了脸面！

最后，我得反驳阁下的说法——“我们政府过去从来没有、现在仍然没有为化圆为方问题的解法提供奖金”。我要告诉阁下的是，过去设有奖金，并且据认为政府不可能已经撤消这个奖项。有北安普顿侯爵[1]作证。

某某叩首

1849 年 7 月 7 日

2.4　无理大家

最难对付的“五好牌”还要数家住利物浦附近的詹姆斯·史密斯（James Smith）先生。这家伙一发而不可收，先后写了十来本关于化圆为方的书或小册子！德摩根评价说:“在所有靠谬误出名的人物中，他无疑是最能干的蛮不讲理大家，最杰出的胡编乱造高手。与他相比，普通的化圆为方者都不过是不值一提的正统派了。”

与拉孔一样，史密斯求得圆周率的值是 $\frac{25}{8}$。他把结果寄给不列颠协会，该协会置之不理；于是他改变策略，把文章标题改成“正方形内接圆的关系式”，协会终于不得不接受它。这下史密斯的口气大了起来，说自己“可不是那种允许不列颠协会小看的人物”。

史密斯先生到处散发小册子。他的面子真够大的，大数学家哈密尔顿（W. R. Hamilton, 1805—1865）用一种连普通中学生也能看明白的

1　即当时的英国皇家学会主席康普顿（S. J. A. Compton, 1790—1851）。

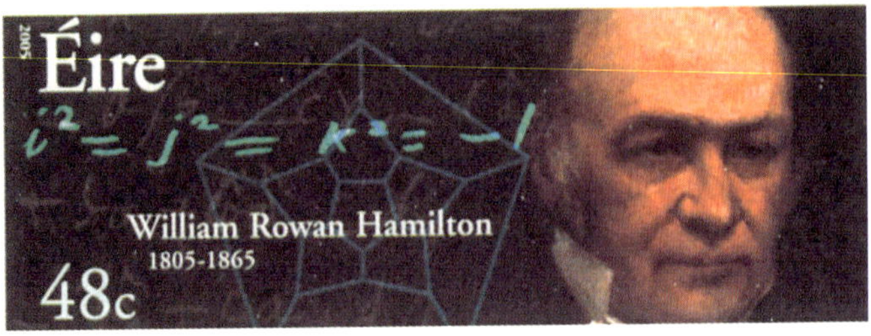

图 2-2　哈密尔顿（爱尔兰，2005）

方法证明了他的错误。大科学家惠威尔（W. Whewell, 1794—1866）用了比哈密尔顿的方法还要简单的方法试图让他明白自己的错误。一位名字被他简化成 E. M. 的数学家写信给他，好心地指出他的错误，却不料引火烧身，不得不和他进行了长时间的通信，结果前功尽弃、全线溃败：原来史密斯先假设圆周长是直径的 $\frac{25}{8}$ 倍，然后证明其他的圆周率值都导致谬误，这就算是他的推理方法；他甚至否认圆面积介于内接和外切正多边形之间。这信还通得下去吗？最后，史密斯先生在一封信中提出要出版自己的化圆为方方法以及他们的通信，E. M. 才感到事情不妙。他强烈抗议史密斯的出版计划，说“我可不想让世人耻笑我，说我如此愚蠢，竟然会讨论这样可笑的事。”事实证明，哈密尔顿、惠威尔以及那位 E. M. 都在浪费笔墨和感情，因为史密斯毅然决然地把书出版了。

图 2-3　艾里（尼加拉瓜，1994）

在对待史密斯的问题上，有两个人采取了十分明智的态度。一是皇家天文学家艾里（G. B. Airy, 1801—1892），他在回信中说：“先生，听你讲这样的主题乃是浪费时间。”史密斯在他大作的前言里抨击他“倒行逆施”。另一个人就是德摩根。尽管德摩根在杂志上不断发表对史密斯的评论，但从不和这个“五好牌”直接通信。史密斯就把他比作“难以逮住的老鸟”，并写信给他，说自己的解法将让德摩根不得不相信那是个不争的事实，将让德摩根博得无知和愚蠢的骂名。

2.5　拉票高手

一位名叫圣维特斯（St. Vitus）的“五好牌”在其出版于 1855 年的有关化圆为方的著作中，罗列了一长串赞扬或感谢者名单：路易·拿破仑向他致谢；都灵的一位公使向科学院推荐他的著作，称其值得人们敬仰；牛津大学副校长称该大学从未提出过这个问题；巴登的雷秦亲王收到该著作后极感兴趣；维也纳科学院尚未能研讨这个问题；都灵科学院致以最特别的感谢；秕糠学会只关注文学，但也表示感谢；西班牙女王收到此书后表示最衷心的感谢；萨拉曼卡大学表示无限感激，并为拥有此书而感到由衷满意；巴尔墨斯顿勋爵表示感谢；尚未掌握意大利文的埃及总督表示，等此书译成法文后，他将在最早的空闲时间里研读此书，同时他祝贺作者攻克了一个这么长时间以来一直都未能解决的难题。令人大跌眼镜的是，圣维特斯唯恐天下不知的结果竟是一个连拉孔先生都会嗤之以鼻的分数：$\frac{16}{5}$。

德摩根总结了七类他所认识的“五好牌”：

1. 只懂点古代哲学，对现代知识一无所知。德摩根的一位朋友认识这样一位衣衫褴褛的中学校长，他声称自己发现了太阳的组成成分。“你怎么发现的？”“考虑四行。”“什么四行？”“当然是火、气、土、水。”“那你知道人们早就发现气、土、水不是元素，而是混合物吗？”“先生，你这是什么意思？有谁听说过这等事情？”

2. 认为数学难题是谜，灵感来了就能解决。一位上流社会的贵族在读了德摩根的一篇评论化圆为方问题的文章后，用笔在纸上画了个圆，又作了个正方形，希冀这个正方形碰巧是与圆等积的。他把自己所作的图拿给实用知识传播会的秘书，让他把图交给德摩根看。

3. 为了扬名于世，甘冒天下之大不韪。一位职位很高的外交官在国外任职期间的某一天，想到求圆周率其实并不难：只要把圆沿着直线旋转一周（使最低点重新回到最低点），圆走过的长度与圆等长。他回国后开始谋求爵位。他当然没有成功。他找到德摩根，说自己觉得没有得到公正的对待。

4. 认为数学家不会为日常目的去求圆面积。一个工人量得圆柱的高，又求得它的体积；然后他求出了圆周率，约为 3.14。他来到伦敦，由他人带路找到了德摩根家。他读过卡特（Kater）的实验，也看过 1825 年的度量衡法案。不管德摩根说什么，他总是回答说：“先生！我依据的可是卡特上尉和议院法案。”桌上恰有一本《天文纪事》（*Astronomical Memoirs*）的校样，上有一篇记录大量的行星观测位置和预测位置的比较，于是德摩根把校样拿给“五好牌”看，问他道：“一个人如果不比你更精确地了解圆，他怎能做出这么精确的计算呢？”那“五好”牌十分震惊，记下了几本书名，表示回去后好好拜读一下。

5. 到国外去寻求奖金。一个耶稣会士带着他的化圆为方结果和一张剪报，从南美千里迢迢来到伦敦，找到了德摩根。他说报纸上说的，英国为化圆为方设立了大奖。德摩根告诉他，英国从没有设什么奖，还告诉他 17 世纪里查德·怀特的事。那“五好牌”大惊，发誓出书之前一定阅读更多的几何著作。不料，几天之后，德摩根就看到耶稣会士的新书广告。

6. 在国内申请大奖。如前述沃森韦尔和钟表匠。

7. 自欺欺人，认为自己说服了每一位出于礼貌耐着性子倾听的人。一位老者找到德摩根，自称已经发现宇宙是如何起源的。一个分子经过振动后变成了太阳；再经过振动就变成了水星，等等。德摩根采用了他认为是最简短的方式来打发可怜的“五好牌”——先耐心听他说完，然后评论说:“我们关于弹性流体的知识是不完善的。”“先生!”老者说，“看得出来，你已经理解了我所说的理论的正确性。作为回报，我才会告诉你——除了那些能够接受我的理论的人，我从不透露给别人——一个小小分子的振动导致太阳系的诞生，此乃约翰福音之道!”老者又去找另一位名叫拉德纳（Lardner）的博士，可人家并没有德摩根的耐心，不等他说完就毫不客气地泼了凉水让他走人。老者离开之前说道:“先生，德摩根接待我的方式可完全不同！他仔细听我说，他对我的理论的正确性感到完全满意。”“五好牌”们所说的多少多少专家的审查结果大概都是这样诞生的。

2.6 闹剧主角

话说就在林德曼证明 π 之超越性的 6 年后，美国印第安纳州有一位名叫古德温（E. J. Goodwin, 1828?—1902）的乡村医生，于 3 月份的第一个星期里，“灵光闪现，有如神授”，“奇迹般地”求出了圆面积和周长的“精确值”，也就是说，求得了圆周率的精确值。

古德温欣欣然、陶陶然。他相继在美国、英国、德国、法国、比利时、奥地利和西班牙取得了该“重大”成果的版权。1893 年，芝加哥主办哥伦比亚博览会（Columbian Exposition），古德温试图在其中的教育展上展出他的成果，不幸遭到组委会的拒绝。他们认为，这样的结果应该投给数学杂志去发表而不是在博览会上展览。

古德温的论文《化圆为方》发表于《美国数学月刊》第 1 卷的第 7 期《问题与信息》部分，下面标注“按作者的请求发表”。正文第一段之后插进“(版权归作者所有，1889 年。保留版权)”云云。

古德温论文的主要结果是：圆面积等于边长为四分之一圆周的正方形面积，正方形面积等于该正方形的等周圆的面积。也就是说：如果圆和正方形的周长相等，那么它们的面积相等。由此易得 $\pi=4$。

古德温并不满足于他那“划时代”文章的发表。为了使自己的“成果”获得更大的权威性，他开始动用三寸不烂之舌，说服当地一位名叫雷科德（Taylor I. Recorde）的众议员向议会提交一份由他自己撰写的议案，企图使其成为本州的法律条文。雷科德的文化程度到底如何我们不得而知，但他对于古德温这样的知识分子百分之百的尊重和信赖则是毋庸置疑的：他果真于 1897 年 1 月 18 日郑重其事地把这份议案提交到印第安纳州众议院，众议院名之曰“第 246 号议案”。全文如下[1]：

> 推介一个为教育作贡献的新数学真理，如果 1897 年被官方立法机构接受并采纳，则印第安纳州可以免费使用它。
>
> 第一节　印第安纳州议会特颁令：已经发现圆面积与长度为四分之一圆周的线段的平方之比等于正方形面积与其边长的平方之比。根据这一公式，在计算圆面积时用直径作为直线单位（linear unit）是完全错误的，因为表示圆面积等于与圆等周的正方形面积的 $5\frac{1}{5}$ 倍。这是因为在圆周长中，不能四次表示五分之一直径。例如，如果用大于正方形边长的五分之一的任意线段的四分之一乘正方形的周长，我们就能以类似的方式让正方形面积较实

1　Edington W E. House Bill No. 246, Indiana State Legislature, 1897. In: Berggren L, et al. (Eds), *Pi: A Source Book*. New York: Springer-Verlag: 206–208.

际值增加五分之一，如同不用四分之一圆周而用直径来作为直线单位一样。

第二节　如果以直径作为直线单位来计算圆的面积，不可能不超出圆面积的五分之一；因为当90°的圆弧等于8时，直径的平方等于边长为9的正方形面积。但取四分之一圆周作为直线单位时，我们既可以满足求圆面积也可以满足求圆周长的要求。另外，它揭示了90°的弦与弧的比率为7∶8，正方形对角线与边长的比为10∶7，并揭示了第四个重要事实，即直径与圆周之比为$\frac{5}{4}:4$。由于这些事实，加之目前使用的公式在实际应用中使人误解，故应予以抛弃。

第三节　作者的三等分角、倍立方和化圆为方的解法已为我们一流数学杂志《美国数学月刊》作为对科学的贡献而接受，这个事实进一步证明了作者所提出的对于教育的贡献以及献给印第安纳州的礼物的价值。

不要忘记：科学界早已因为这些著名的难题有着无法解开的神秘性和超乎人类理解能力而放弃了对它们的研究。

接着，也不知是众议院里哪一位大人物的馊主意，第246号议案被提交给众议院“运河委员会”（亦称“沼泽地委员会”）审议，这无异于把一份有关修筑河堤的议案提交给“教育委员会”，牛头不对马嘴。显然，运河委员会的委员们对圆啊方啊之类的毫无兴趣，他们马上退回第246号议案，并建议提交给教育委员会。教育委员会于2月2日报告，建议通过该议案。众议院于2月5日对议案进行二读，结果一致通过，但进行三读的决定被搁置了。接着，议案被送交到参议院，参议院又于2月11日将其提交给“戒酒委员会”。

1月20日，当地一份报纸《印第安纳都市前哨》对这一议案进行了评论：

> 该议案……绝不是一场骗局……州公共教育负责人相信，这是经过一个长期探求而得出的解法……作者古德温医生是一位著名的数学家，他已经获得了这一解法的版权。他提出：如果立法委员会采纳他的这个解法，他将允许本州免费使用它。[1]

然而，到了 2 月 6 日，报纸的口气发生了变化。《印第安纳都市报》评论说："这是印第安纳州议会所通过的最奇怪的议案。"报纸还全文刊登了议案。一时，该议案不仅成了当地报纸的热门话题，而且远至芝加哥、纽约等地的报纸也都相继作过报道。

就在这时，普渡大学数学教授、印第安纳州科学院院长瓦尔多（C. A. Waldo, 1852—1926）因办理学术事务来到印第安纳州议会大厦，他于 2 月 5 日来到议会的大会会场。他惊讶地发现：议员们正在争论着一项数学立法。

图 2-4 瓦尔多

瓦尔多回忆说："当时，一位来自印第安纳州东部地区的退休教师正说道：'事情很简单：如果我们通过这项建立了 π 的新精确值的议案，作者就允许我们州免费使用他的结果，并且可以免费将其写进我们的学校课本中；而别人都得付给他版税。'……

1 Edington W E. House Bill No. 246, Indiana State Legislature, 1897. In: Berggren L, et al. (Eds), *Pi: A Source Book*. New York: Springer-Verlag: 206–208.

接着，一位议员将一份刚刚通过的议案拿给我看，并问我想不想认识这位博学的医生、即该议案的作者。我婉言谢绝了他的好意，并说：我已经认识够多的疯子了。”

2 月 12 日，“戒酒委员会”向参议院递交报告，建议通过该议案。当天下午，参议院对该议案进行了辩论，议员们大多持反对意见，因而议案未能通过。《印第安纳都市报》曾报道说：

> 参议员哈贝尔（Hubbell）把该议案说成是彻头彻尾的蠢事。参议院还不如立法让水往山上流……尽管议案并没有通过，但持反对意见的议员中没有一个人知道议案中到底有什么错误。所有的参议员在谈到该议案时都承认，他们并不知道其中的命题有什么是非曲直。他们只是认为，该议案的主题并不适于立法。

最后，议案被无限期地搁置，因而没有机会荣升为法律条文。虽然圆周率议案的闹剧结束了，但想必古德温先生不会善罢甘休，他会继续奔走呼号，四处寄信，寻找更多的支持者，争取更多的宣传机会，誓将化圆为方进行到底。事实上，他的先辈们和后继者们几乎都是如此。据德摩根说，历史上只有 17 世纪的一位名叫理查德 · 怀特（Richard White）的耶稣会士化圆为方者承认过自己的错误。

2.7 边缘人物

美国数学家安德伍德 · 杜德利（Underwood Dudley）1980 年代不辞辛劳地搜集“五好牌”们的研究“成果”，得三等分角作图法共两百余种。和化圆为方者们一样，这些三等分角者们表现出对数学的无知，对数学家的反应表示不满甚至愤怒。一位三等分角者如是说：“掌握科学知识的人类怎会如此愚蠢？任何一位科学家或数学家在他还未开始着手研究手头的难题就说它不可能，这只能表明他无能。”一位新奥尔良的三等分者于 1953 年写道:“我们发现当代的数学权威们并不试图去解决这些疑难，却去写些阐述不可能证明它们的论文。不鼓励这些难题的解法，反而打击他们，还封他们为‘狂怪’。”一位“五好牌”因为杜德利在回信中说话不中听，便给他所任教大学的校长写告状信，列数他的种种罪过！[1]

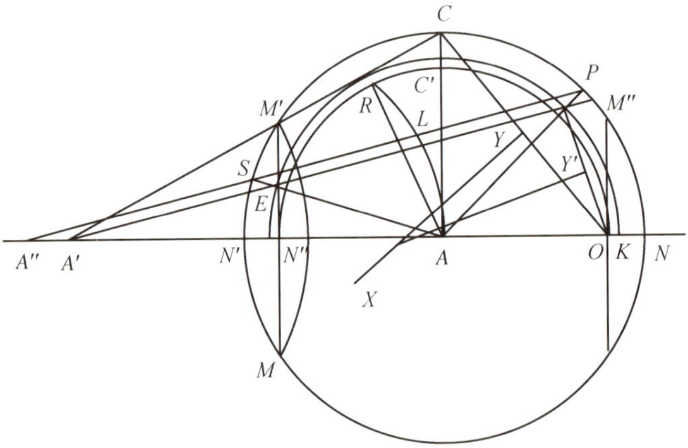

图 2–5　令人眼花缭乱的“三等分角作图法”

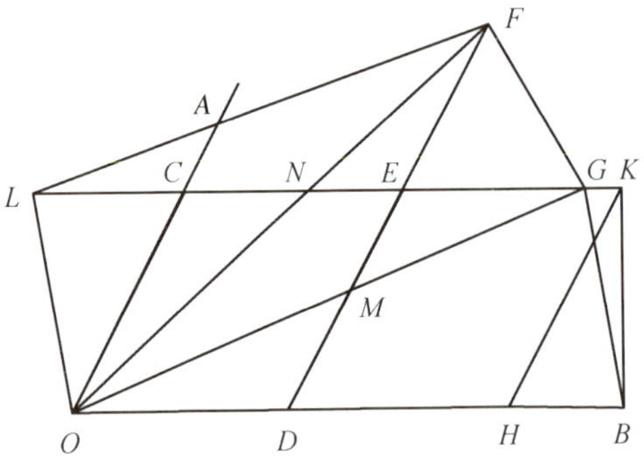

图 2–6　一位美国大学校长 1933 年给出的“三等分角作图法”，这位校长大人还“解决”了倍立方问题并“证明”了欧几里得第五公设，不知他的数学教授们怎么看？

1　Dudley U. What to do when the trisector comes. *The Mathematical Intelligencer*, 1983, **5**(1): 20–25.

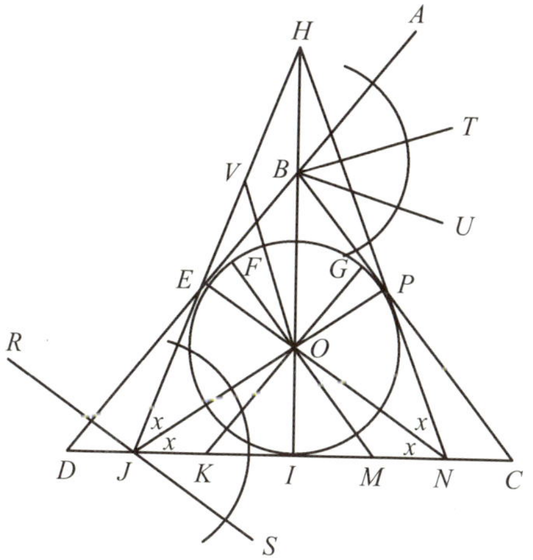

图 2-7　一位三等分角者 1972 年的"杰作"，谁能复制出他的作图步骤呢？

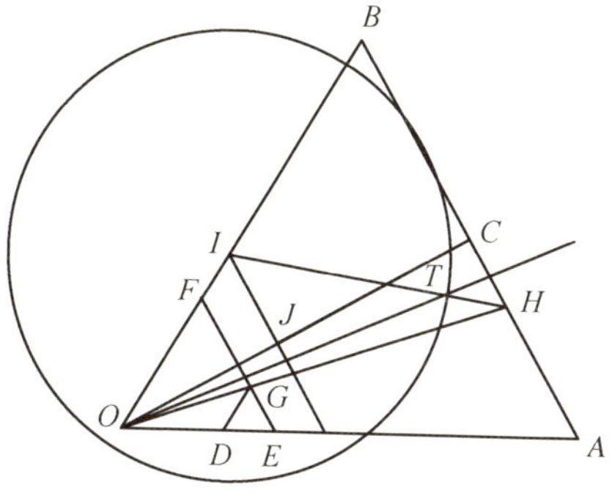

图 2-8　1973 年，一位来自杜塞尔多夫的 69 岁的退休公务员，声称自己在整整 40 年里，花费 12000 多小时，终于找到了这个作图法

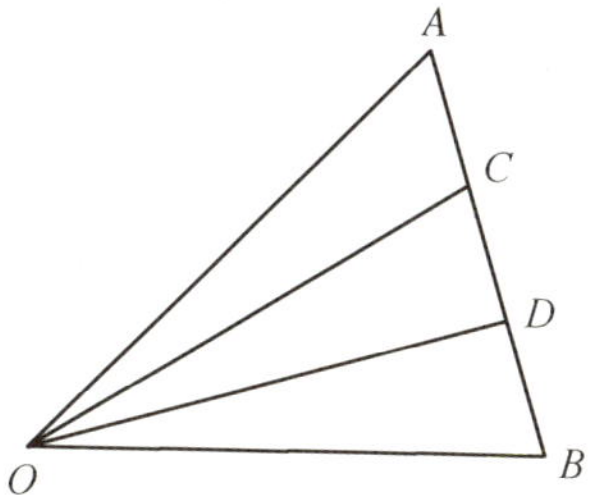

图 2-9　一位三等分角者 1986 的"杰作"：作者声称有 50 多位数学教授（其中许多为博士）评价了他的论文，并支持他的证明

三等分角者们一律都有一种唯恐天下不知的心态。1951 年，底特律一位 82 岁高龄的“五好牌”向各个州的一流大学、各家著名私人研究机构，还有包括爱因斯坦在内的数学家，总共一百多处，通报了他的作图法！他收到了六十多份答复，其中最好的是爱因斯坦的：“我收到的信件太多了，尽管我非常想回复所有的信件，但我实在是没有时间。”妙！欲摆脱五好牌们纠缠者当可效仿。

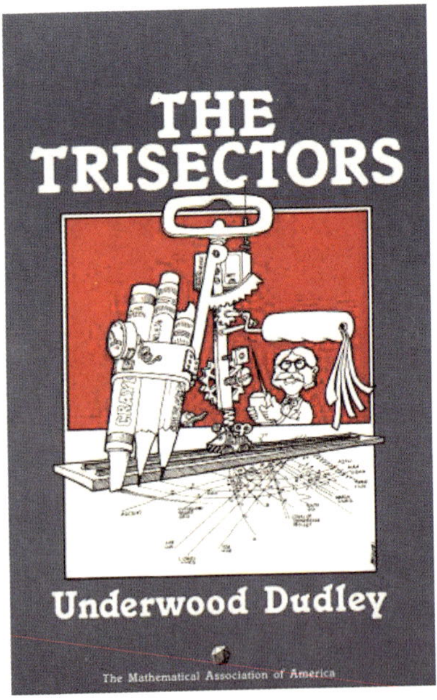

图 2-10 杜德利的专著《三等分角者》

杜德利曾经拜访过一位家住美国中西部一个大学城的“五好牌”。那可怜虫以前是个中学化学老师，自从某一天代别人上了数学课以后，他便与三等分角问题结下不解之缘了。他“成功地”找到了作图法，并开始奔走呼号，试图让世人承认他的重大发现。他在当地一所大学拜访了好几个教授；一有数学会议，便提出申请，要在会上作报告。真是功夫不负有心人，一次终于成功地在州科学院会议议程中占了一席，该州科学院真该得人道主义大奖。他写信给任何愿意回信的人，说已有 250 人审查过他的作图法，无一人能找出任何错误来。他还向杜德利暗示：他在其他一些尚未解决的难题上也取得了重大突破。

倒不是杜德利忘了挨骂的滋味，实在是心生恻隐，忍不住想插嘴劝一劝，但根本就没有机会。退一步说，即使劝了又如何呢？三等分角就是他的生活，就是他的精神支柱。生活的全部目的就是让世人承认他的作图法。

杜德利还拜访过美国中西部一个小城市郊区的“五好牌”。那是一个年逾古稀的糟老头，住在一套脏兮兮的老房子里。他曾经上过大学，但中途辍学回家；他曾经热衷仕途，但理想破灭；他曾经追求爱情，但到头来孑然一身。真是“不如意事常八九，可与人言无二三”。他有过太多太多的失败，而数十载平淡无聊的工作并未能带给他丝毫的成就感。他太需要成功的体验了，他太需要世人的尊重了。于是，他选择了三等分角。他雄心勃勃、孜孜以求，他焚膏继晷、不舍昼夜。他终于获得了来之不易的“成功”。

由于家里实在脏不忍睹，他没好意思让拜访者进屋。老头做的第一件事便是带杜德利到当地一家报社去见一位编辑先生，好让这次见面见诸报端。编辑先生大概已经不止一次和老头打交道了，对刊发会面新闻的事不置可否。老头又提出要摄影师拍张合照，编辑也置若罔闻。老“五好牌”似乎早有心理准备，他的下一个目的地便是照相馆，在那里，他拍下了和来自古德温故乡名牌大学数学教授握手的珍贵照片。接着，他们在一家医院的大厅里会谈 4 小时，并在其自助咖啡厅里把盘中饭菜吃得精光。

几周后，杜德利收到老头寄来的剪报，照相馆里拍的那张握手照也登出来了，新闻标题是“本地数学家大功近乎告成”[1]。老“五好牌”十分满意。他终于享受到成功的喜悦，他终于品尝到被尊重的滋味。但愿不再有哪个背时的数学家对他说不中听的话，就让他拥有一个快乐的结局吧。毕竟，从古到今拥有这样好结局的“五好牌”又有几人呢？

1　Dudley U. What to do when the trisector comes. *The Mathematical Intelligencer*, 1983, **5**(1): 20–25.

2.8 “五好”新锐

1998 年 8 月 30 日中国台湾一份报纸刊载了一则“中央社”发自渥太华的电文，全文如下：

> 圆周率三点一四一五九……“永远除不尽”的神话，被加拿大一名年仅十七岁的数学天才给打破了。今年六月高中毕业的伯熙瓦运用电子邮件与世界上二十五台电脑连线，计算出这亘古之谜，在小数点后第一兆两千五百亿位数即可除尽。
>
> 伯熙瓦十三岁起就在卑诗省赛蒙·福雷赛大学修课。他用二进位算法，发现圆周率（π）第五兆个小数就是零，依十进位来算，那就是第一兆两千五百亿位数。
>
> 过去，大家都以为圆周除以直径的数字是除不尽的非理数（注：即“无理数”）。去年九月法国人贝拉尔把这无理数算到第一兆位小数，创下一个世界纪录。
>
> 如今这个纪录被伯熙瓦打破。过去，数学家只用一台大电脑计算这个数值，没人找出到小数第几位才能除尽，伯熙瓦靠网际网路和全球二十五台电脑连线作业，终于获得突破。
>
> 一位渥太华科学家说，如果用人脑加纸笔，一秒钟算一个小数点的话，要三十万年才能像伯熙瓦那样把圆周率除尽。伯熙瓦已将数学学士所需要的学分修完一半，9 月开学后，他将成为正式主修生。

同年 9 月初，台湾师范大学洪万生教授利用上课之便，对台湾师范大学数学系 36 位大一、1 位大二、1 位大三学生进行调查，目的是了解他（她）们对这则报道的反应。他先将上述新闻简报复印给学生，然后要求他们利用大约 40 分钟时间写出自己的评论或心得。

结果，洪教授惊讶地发现：只有 6 位学生对上述报道存疑，但他（她）们所依据的不外乎是曾听过高中老师的评论，或者是后来的“更正”报道。不过，他（她）们所以不相信报道真实性的主要原因，却是电脑可能犯错误，所以，伯熙瓦的“突破”当然还有待证实！

问题研究

2-1. 16 世纪意大利数学家莫若里可（F. Maurolico, 1494—1575）提出一个计算圆面积的实验法：如图 2-11，在底面直径和高均为 $2R$ 的圆柱中倒满水，再将圆柱中的水倒入边长为 $2R$ 的立方体中。测量立方体中水面的高度 h，将 h 和 $2R$ 相乘，即得圆柱底面面积。试证明该结论。

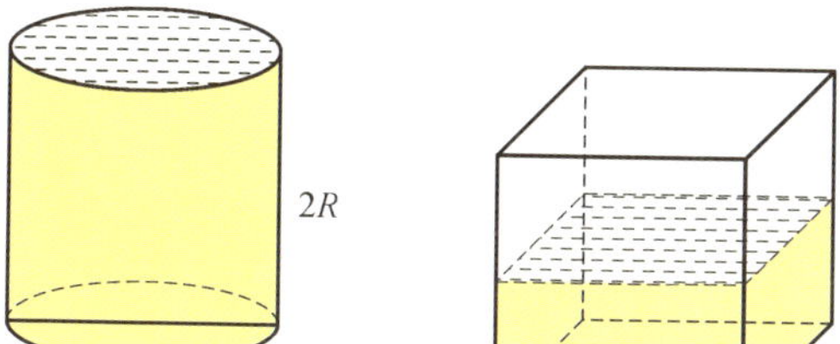

图 2-11　莫若里可的实验

2-2. 用直尺和圆规作出一元二次方程 $x^2+bx+c=0\ (b^2\geqslant 4c)$ 的根。

2-3. 证明：不能用直尺和圆规将 60° 三等分。

第 3 讲

乐在其中

工作是一个人被迫去做的事情，而玩耍则不是他非做不可的事情。

——马克·吐温

人类大概从会编制数学问题开始，就热衷于趣味问题了。约在公元前 1650 年，一个名叫阿莫斯的古埃及祭司抄录了一本书（今称莱因得纸草书），书中有一个问题（图 3–1 上图），翻译成我们今天的语言，就是图 3–1 下图所示的一张表。这竟是等比数列 7，7^2，7^3，7^4，7^5 的求和问题！

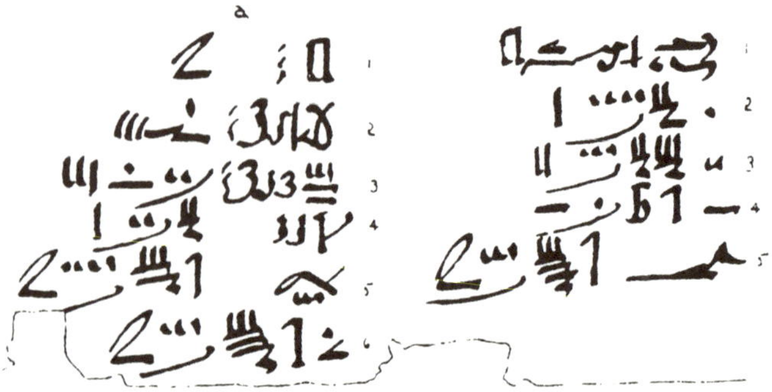

1	2801	房屋	7
2	5602	猫	49
4	11204	老鼠	343
	19607	麦穗	2401
		容积	16807
		总数	19607

图 3–1　莱因得纸草书问题 79 及其译文

无独有偶，在古巴比伦时期（约前 1800—前 1600）的数学泥版 M7857 上，我们看到这样的数表：

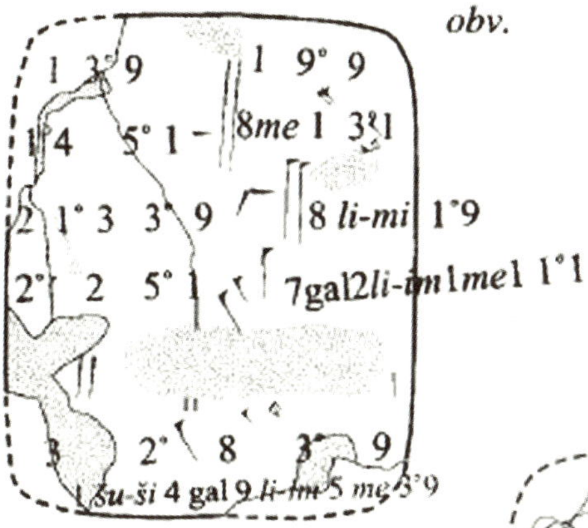

649539　大麦
72171　麦穗
8019　蚂蚁
891　鸟
99　人

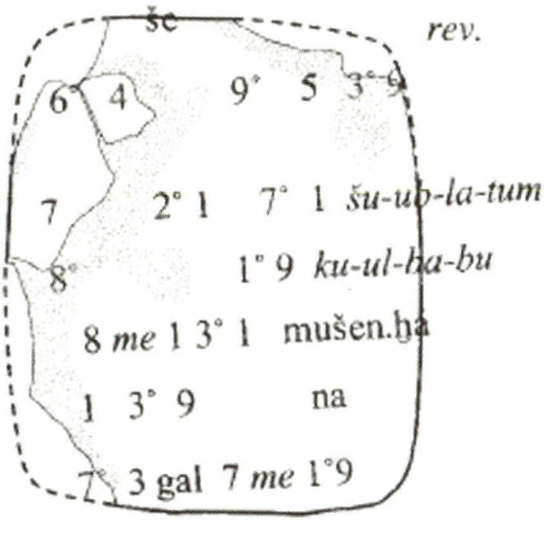

图 3–2　数学泥版 M 7857 及其译文

最后一行给出等比数列的和 730719。由于泥版残缺不全，我们无法读到具体的问题，但我们可以想象出这样一个趣味十足的问题：有 99 个人，每人捕捉 9 只鸟，每只鸟吞食 9 只蚂蚁，每只蚂蚁蚕食 9 颗麦穗，每颗麦穗长有 9 粒麦子。问：人、鸟、蚂蚁、麦穗、麦粒总数是多少？这也是一个趣味问题。

趣味数学问题激发人们的想象力、好奇心和创造力，是数学发展的重要推动力量。方程理论、概率论、微积分、拓扑学等，无不源于以谜题形式表达的问题。历史上，开普勒、帕斯卡、费马、莱布尼茨、欧拉、拉格朗日、哈密尔顿、凯莱（A. Cayley，1821—1895）等著名数学家都曾对趣味数学问题进行过深入的研究。

3.1 安全摆渡

让我们从最古老的趣味数学问题之一——摆渡问题开始说起。

中世纪，英国数学家阿尔昆（Alcuin, 735—804）在其《益智集》（*Problems for the Quickening of the Mind*）中提出：有人携带一只狼、一只羊、一篮白菜渡河。唯一的工具是一条小船。小船一次只能载他自己和三样东西中的一样。如果只留下羊和白菜在一起，羊就会吃掉白菜；如果留下羊和狼在一起，狼就会吃掉羊。问这个人如何安排摆渡，方能使白菜、羊和狼都平安抵达对岸？我们小时候就知道这个有趣的问题。16 世纪，意大利数学家塔塔格里亚（N. Tartaglia, 1499—1557）将其设计成一个新版本：

三位美丽的新娘和她们爱吃醋的先生一同旅行。他们来到了一条河边，但只有一条小船，小船一次至多只能载二人。为了避免有人吃醋，他们约定：除非自己的先生在身旁，否则任一女士不得和其他男子在一起。问怎样安排渡河？

答案是往返11次。如果只有两对夫妇，则往返5次就够了；如果有四对或更多对夫妇，那么问题无解。该问题后来又被推广成：

（1）n 对夫妻用一条船过河，该船仅可由一人来划，至多可载 $n-1$ 个人，条件仍是任一女士除非自己的先生在身旁，否则不得和其他男子在一起。问至少需要往返几次？（设摆渡次数为 y，则 $n=3$ 时，$y=11$；$n=4$ 时，$y=9$；$n>4$ 时，$y=7$。）

（2）问一条船至少能载几个（x）人时，才能使 n 对夫妻可乘它渡河，而任一女士除非自己的先生在身边，否则不得和别的男子在一起；假设船仅可由一人来划。并求往返摆渡的最小次数（y）。结果见表3-1。

表3-1　摆渡问题的解

n	x	y
2	2	5
3	2	11
4	3	9
5	3	11
>5	4	$2n-1$

与摆渡问题相类似的是火车转轨问题。图3-3中有一火车头 L 和两节货车车厢 W_1 和 W_2，DA 是 W_1 和 W_2 所在侧线的公共部分，长度足够停放 W_1 或 W_2，但不能同时容下这两节车厢，也容不下火车头 L。这样，停在 DA 上的车厢可以转轨到侧线上。工程师的工作是转换 W_1 和 W_2 的位置。问如何完成？这个问题并不难，但如果有更多的车厢（如在铁路货物分类站），要按车厢目的地先后顺序进行排列，那么工程师就需要有很高的数学水平才能完成职责了。

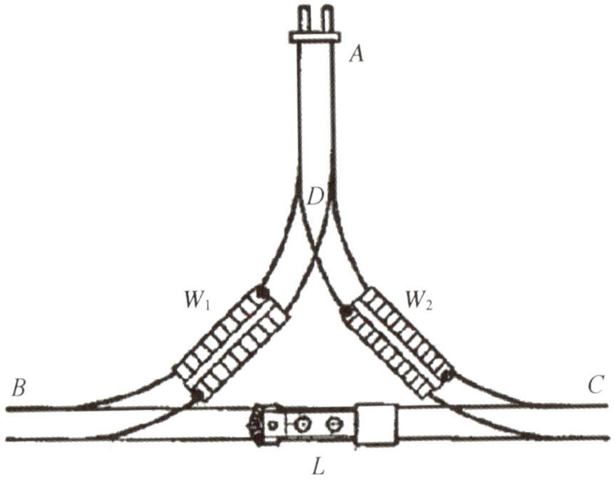

图 3-3　火车转轨问题

3.2　方内乾坤

在小学，我们已经熟悉一种趣味数学问题——中国古代的七巧板。将正方形分割为大、中、小 5 个等腰直角三角形和 1 个正方形、1 个平行四边形，就得到七巧板的 7 个组件了，如图 3-4 所示。

图 3-4　七巧板由大、中、小、正、斜七块组成

七巧板的魅力在于，用 7 个组件可以拼出各种各样的图案，花草虫鱼、走兽飞禽、房屋器具、舟车人物……小小方块，变幻无穷。

图 3-5　猫

图 3-6　公鸡

图 3-7　兔子

图 3-8　袋鼠

图 3-9　鸵鸟

图 3-10　鹤

图 3-11　马

图 3-12　长颈鹿

图 3-13　奔跑者

图 3-14　席地而坐者

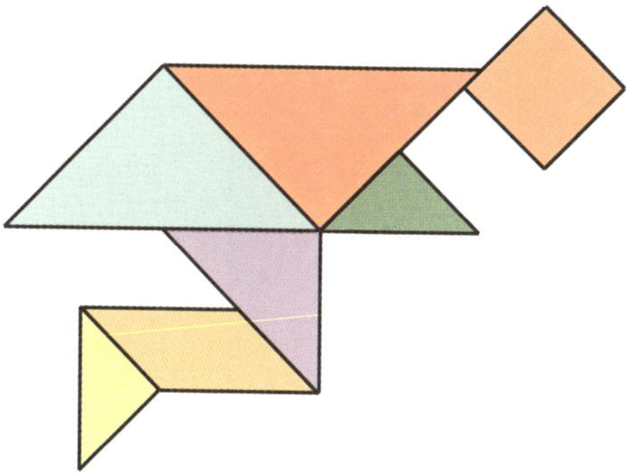

图 3-15　跪拜者

图 3-16　溜冰者

图 3-17 数字 1

图 3-18 数字 2

图 3-19 数字 3

图 3-20 数字 4

介绍七巧板拼图的文献很多，我们不再赘述。

七巧板大约源于唐朝人的燕几——用于宴请宾客、根据宾客人数的需要随意拼合的几案。七巧板发明后，一直受到人们的喜爱。它是智力游戏，具有重要的教育价值；它也是装饰佳品，生活中随处可见。在扬州登月湖畔，有一座七巧板公园，走进公园，7 个组件赫然在目。

图 3-21　幼儿园外墙上的七巧板拼图

七巧板传入欧洲后，深受喜爱，被称为“唐图”（tangram）。如今，它激发了意大利家具设计师丹尼尔·拉格（Daniele Lago）的设计灵感。拉格将七巧板用于组合书架的设计，创作出极具特色的作品。

图 3-22　扬州七巧板公园

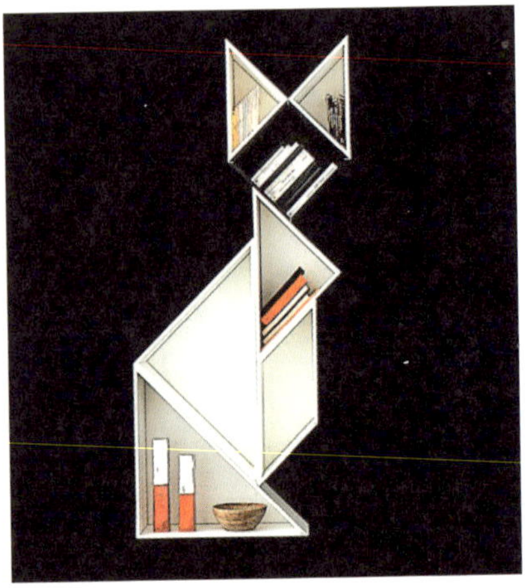

图 3-23　意大利设计师拉格的七巧板组合书架

古希腊流传着一个更为复杂的拼板游戏——阿基米德“十四巧板”（亦称“阿基米德方盒”）。如图 3–24，*ABCD* 是一正方形，*E*、*F* 分别为 *BC* 和 *AD* 的中点。对角线 *AC* 与 *BF* 交于点 *G*。*H* 为 *BE* 的中点，过 *H* 作 *BC* 的垂线，交 *BF* 于 *K*。*M* 为 *AG* 的中点，*AH* 与 *BF* 交于点 *L*。于是，矩形 *ABEF* 被分割为 7 块，其中 6 块为三角形，1 块为五边形。再作 *CD*、*CF* 的中点 *N*、*P*，连接 *BP* 并延长，交 *CD* 于 *Q*，连接 *EP*、*PN*。于是，矩形 *FECD* 也被分割为 7 块，其中 5 块为三角形，2 块为四边形。这样，正方形 *ABCD* 就被分割为 14 块。

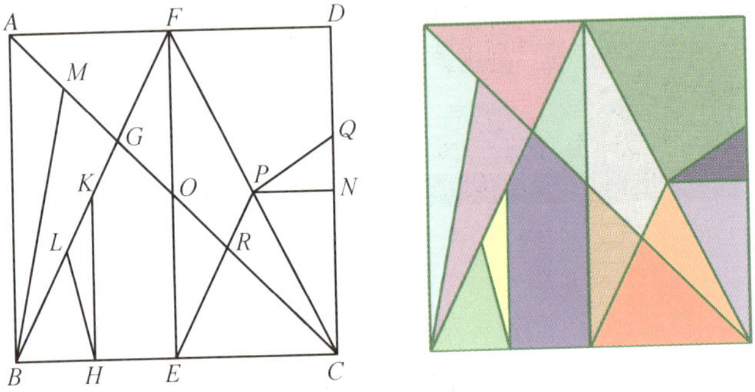

图 3–24　阿基米德十四巧板

图 3–25　大象

十四巧板有两种玩法：第一种和七巧板一样，利用 14 块组件拼成各种各样的形状（如图 3–25）；另一种是将 14 块组件重新装入正方形盒子。最近的研究表明，共有 536 种不同的装法[1]，如图 3–26。

1　http://www.gamepuzzles.com/536solt.htm.

图3-26　十四巧板的536中拼法

3.3 数字之奇

平凡的数字里，包含着美与神奇。以下是其中一些等式。

$$3\times 37=111,\ 1+1+1=3$$

$$6\times 37=222,\ 2+2+2=6$$

$$9\times 37=333,\ 3+3+3=9$$

$$12\times 37=444,\ 4+4+4=12$$

$$15\times 37=555,\ 5+5+5=15$$

$$18\times 37=666,\ 6+6+6=18$$

$$21\times 37=777,\ 7+7+7=21$$

$$24\times 37=888,\ 8+8+8=24$$

$$27\times 37=999,\ 9+9+9=27$$

$$0\times 9+8=8$$

$$9\times 9+7=88$$

$$98\times 9+6=888$$

$$987\times 9+5=8888$$

$$9876\times 9+4=88888$$

$$98765\times 9+3=888888$$

$$987654\times 9+2=8888888$$

$$9876543\times 9+1=88888888$$

$$98765432\times 9+0=888888888$$

$$987654321\times 9+(-1)=8888888888$$

$$1\times 9+2=11$$

$$12 \times 9 + 3 = 111$$
$$123 \times 9 + 4 = 1111$$
$$1234 \times 9 + 5 = 11111$$
$$12345 \times 9 + 6 = 111111$$
$$123456 \times 9 + 7 = 1111111$$
$$1234567 \times 9 + 8 = 11111111$$
$$12345678 \times 9 + 9 = 111111111$$

$$1 \times 8 + 1 = 9$$
$$12 \times 8 + 2 = 98$$
$$123 \times 8 + 3 = 987$$
$$1234 \times 8 + 4 = 9876$$
$$12345 \times 8 + 5 = 98765$$
$$123456 \times 8 + 6 = 987654$$
$$1234567 \times 8 + 7 = 9876543$$
$$12345678 \times 8 + 8 = 98765432$$
$$123456789 \times 8 + 9 = 987654321$$

3.4　四四组合

19 世纪英国数学家杰克逊（J.Jackson）在《冬夜智力消遣》中提出“用同样四个数字表示出若干不同的数，使其构成等比数列”的问题，可用加、减、乘、除、乘方符号。如：

分别用四个 2 表示四个数，使其构成等比数列。这个问题不难解决。

分别用四个 3 表示六个数，使其构成等比数列。杰克逊给出的六个数是

$$\frac{3}{3^{3+3}},\frac{3}{3^3\times 3},\frac{3\times 3}{3^3},\frac{3^3}{3\times 3},\frac{3^3\times 3}{3},3^3\times 3\times 3$$

分别用五个 3 表示六个数，使其构成等比数列。杰克逊给出的数列是：

$$\frac{3}{3^3\times 3^3},\frac{3}{3\times 3\times 3\times 3},\frac{3\times 3}{3\times 3\times 3},\frac{3\times 3\times 3}{3\times 3},\frac{3\times 3\times 3\times 3}{3},\frac{3^3\times 3^3}{3}$$

后人提高了问题的难度，要用若干同样的数字表示出连续的正整数，其中最著名的便是四个 4 问题。利用四个 4 以及十进制记数法（如 44）、小数点（如 .4 表示 0.4，$.\dot{4}$ 表示 0.444⋯）、括号、加减乘除符号，可以表示出 1 ～ 22 之间的所有整数。

$1=(4+4)\div(4+4)$　　$2=(4\div 4)+(4\div 4)$

$3=(4+4+4)\div 4$　　$4=4+4\times(4-4)$

$5=(4+4)\div(4\times .4)$　　$6=4\times 4-(4\div .4)$

$7=(4+4)-(4\div 4)$　　$8=(4+4)\times(4\div 4)$

$9=(4+4)+(4\div 4)$　　$10=(4\div .4)\times(4\div 4)$

$11=(4\div .4)+(4\div 4)$　　$12=(44+4)\div 4$

$13=(4-.4)\div .4+4$　　$14=(4+4)\div .\dot{4}-4$

$15=(4\times 4)-(4\div 4)$　　$16=(4\times 4)+(4-4)$

$17=(4\times 4)+(4\div 4)$　　$18=(4\div .4)+(4+4)$

$19=(4\div .4)+(4\div .\dot{4})$　　$20=(4\div 4+4)\times 4$

$21=(4+4+.4)\div .4$　　$22=(4+4)\div .\dot{4}+4$

若再允许使用平方根号有限次，可表示到 30：

$23=(44+\sqrt{4})\div\sqrt{4}$　　$24=(44+4)\div\sqrt{4}$

$25=(4\times\sqrt{4}+\sqrt{4})\div .4$　　$26=4\times 4+4\div .4$

$27 = (4 + 4 + 4) \div .\dot{4}$　　$28 = 4 \times 4 \times \sqrt{4} - 4$

$29 = 4 \div (.4 \times .4) + 4$　　$30 = 4 \times 4 \times \sqrt{4} - \sqrt{4}$

若再允许使用阶乘号，则可表示到 112。

若再允许使用整数指数，以及平方根号无限次，则可表示到 156。

3.5　三罐分酒

19 世纪法国著名数学家泊松（S. Poisson, 1781—1840）小时候，父母亲望子成龙，希望他长大成为一名医生、律师什么的。在一次旅行途中，有人向泊松提出下面的难题：两个朋友要平分容积为 8 夸脱的一壶酒。他们还有两个空罐子，一个容积为 5 夸脱，另一个容积为 3 夸脱。问如何平分这 8 夸脱的酒？泊松很快解决了这个问题，他的解法如下：

图 3-27　泊松

（1）在中壶中倒满酒，则原来大壶中剩酒 3 夸脱；

（2）从中壶中倒出 3 夸脱酒于小壶中，剩酒 2 夸脱；

（3）将小壶中的酒倒入大壶中，得 6 夸脱酒；

（4）将中壶中剩下的 2 夸脱酒倒入小壶中；

（5）从大壶中倒出 5 夸脱酒于中壶中，剩酒 1 夸脱；

（6）从中壶中倒出 1 夸脱于小壶中，剩酒 4 夸脱；

（7）将小壶中的酒倒入大壶中，得 4 夸脱。完毕。

从此，他喜欢上数学，并决定以数学为一生的职业。

图 3-28 三罐子问题的解法

杰克逊在《冬夜智力消遣》中提出了“二十一个瓶子”问题：有 21 个同样大小的瓶子，其中有 7 个瓶子各装满酒，有 7 个瓶子各装半瓶酒，还有 7 个空瓶子。三个朋友如何分瓶子，方可得到同样多的酒和同样多的瓶子？问题比三壶分酒问题容易。

3.6　生死排列

在古代的趣味数学问题中，最著名的莫过于约瑟夫问题了。该问题说的是：把若干人排成一圈，从某个位置数起，每数到第 m 个就杀掉，最后剩下的是事先指定的几个人。这个问题很可能起源于古罗马军队中对士兵“逢十取一”的惩罚制度。在公元 4 世纪的一部著作里，一位以海格希普斯（Hegesippus）为笔名的作者告诉我们，约瑟夫（Josephus）就是利用这种方式挽救自己性命的：当罗马人韦巴芗（Vespasian）攻陷 Jotapat 之后，约瑟夫和另外四十个犹太人躲到一个山洞里避难。让约瑟夫失望的是，除了他自己和一名特殊的朋友外，其余 39 人都决心自杀以便不落入罗马人之手。尽管约瑟夫不愿意这样做，但他不敢公然提出反对；口头上只好同意。但是，他提出了自杀行动必须按顺序进行，并建议：所有人排成一圈，随意从某一位置

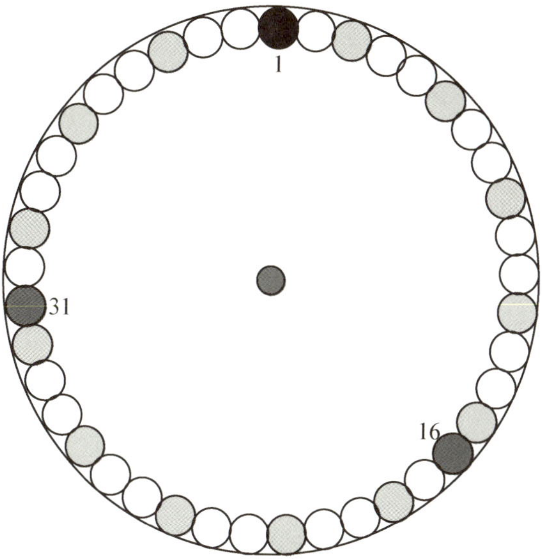

图 3-29　约瑟夫的排列

开始点数，每点到三的人拉出圈子杀掉，最后剩下的一位自杀。他把自己和朋友分别安排在第 16 和 31 个位置，成功地避开了死神。

在分别写于 10 世纪初、11 世纪和 12 世纪的三部手稿里，我们也发现了这个问题。文艺复兴时期，卡丹、拉缪斯（P. Ramus, 1515—1572）在其数学著作中的介绍则使这个问题得以迅速流传开来。后来，它被改编成新的版本：一艘载有 15 位土耳其人和 15 位基督徒的船航行于海上。途中遇到风暴，波涛汹涌、孤舟无援、将要沉没。为了挽救船只，保全船员，必须将一半乘客扔到海里。于是，乘客排成一圈，从某一位置开始点数，每点到九，就把这个位置上的人扔到海里。问 30 人如何排列方能使所有基督徒幸免于难？正确排列见图 3–30：

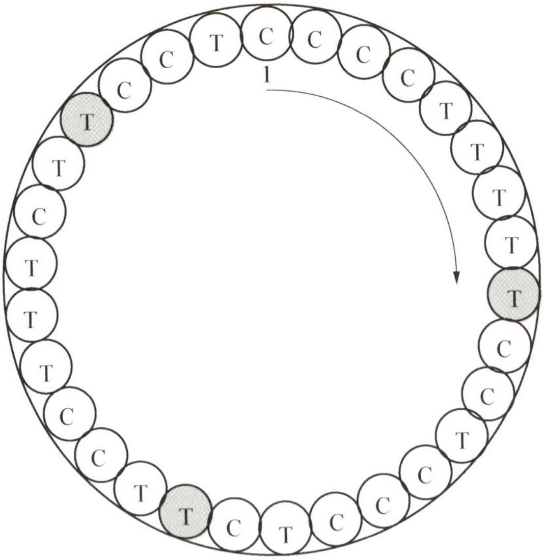

图 3–30　保留基督徒的排列（逢九取一）

图 3–30 的排列可通过下列诗句中的元音字母在英文字母表中的序号（a—1；e—2；i—3；o—4；u—5）来记忆：

From numbers' aid and art, never will fame depart.

如果是每数到第十拉出一个扔到海里，则正确排列应为：

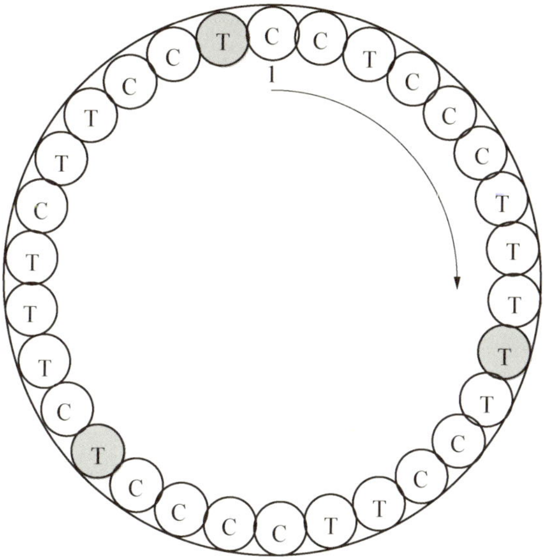

图 3-31　保留基督徒的排列（逢十取一）

记忆方法：Rex paphi cum gente bona dat signa serena.

后来的欧拉、舒贝尔（H. Schubert，1848—1911）和泰特（P. G. Tait，1831—1901）都解决过更一般的约瑟夫问题。英国著名制谜大师杜德内（H. E. Dudeney, 1847—1930）的“猫捉老鼠”问题亦约瑟夫问题的另一形式，以下是陈怀书先生的译文：

> 十三鼠为猫所捕，欲逃而不能。乃互私议，得一法。谓猫曰：今日汝欲杀余等，余等无力以抗，只得俯首待毙。但余等有一特别游戏，愿与君共行之，则余等虽死，无憾矣。即君之食余等也，亦愈觉更有味矣！不知君以为然否？猫曰：善！请道其详。鼠曰：余等排列为一圈，任君从何处为起点，绕圈而走，至第十三个则取而

食之。然后再从被食者之次数起，数至第十三个，再取而食之。如是至最后，则余等皆为君食尽。但余辈中有一白色者，其肉嫩而肥，可供君作最后之佳肴。君须稍加思索：若从何处数起，则白者可留至最后食。猫曰：稍待，余缓思之。不意猫思索良久，觉困倦异常，遂酣然入黑甜乡矣。群鼠见猫熟睡，知己中计，一哄而散，安然各入洞中矣。

古代东方的日本早在 14 世纪中叶镰仓时代晚期、室町时代初期就有文献记载“继子立”问题。和算最早的专著——吉田光由（1598—1672）的《尘劫记》第 3 卷第 1 题详述该问题。其大意是：

从前，有位富农，共有 30 个孩子，其中 15 个为前妻所生，15 个为第二任妻子所生。第二任妻子急于要让自己生的长子成为财产继承人。一天，她对丈夫说：“亲爱的丈夫，你老了。该立一个继承人了。让我们把 30 个孩子排成一圈，从其中某一个开始点数，每点到第十，将点到的孩子推出圈子，淘汰出局。最后剩下的一个就是你的继承人。”丈夫觉得妻子的这个建议很合理，于是同意按这个方法选继承人。

但妻子早有预谋，她让 30 个孩子按照她预定的位置站成一圈，如图 3-32。其中穿白衣的是前妻的孩子，穿黑衣的是后妻的孩子。按顺时针方向轮番循环点数，结果前面被淘汰掉的全是白衣人。眼看着最后一个白衣孩子马上要被淘汰出局，可怜的老头才明白其中有诈。于是，他马上建议接下来按逆时针方向点数（仍为逢十淘汰，且从仅余的白衣孩子开始）。妻子没有时间算计，仗着自己的孩子以 15∶1 的明显优势，她答应按反方向点数。结果，前妻的孩子在 1∶15 的劣势中险胜，获得继承权。

图 3-32　继子立问题

图 3-33　“继子立”问题示意图

中国的民间故事“八仙定座”也是个约瑟夫问题[1]。八仙同赴王母宴。宴会主持官员为不让吕洞宾坐首席，出主意让八仙排成一圈，并暗示小吏，从吕洞宾前一人起，按此前后次序点数。数多少？以随机掷两颗骰子为准。数到谁，谁就退出圈外。继续点数，直至最后一人，此人就坐首席。这种方法表面上看不出主持官员做的手脚。其实，不论骰子掷出多少点，吕洞宾总是坐不上首席。

3.7 数字之战

13 世纪上半叶的一首拉丁文诗歌 *De Vetula* 这样写道：

> 哦！想起那睿智的数字战心里就痒痒，
> 算术的叶子、花朵和果实尽情地玩赏，
> 还可赢得美好的赞誉和无上的荣光。

诗中的“数字战”（Rithmomachia[2]）指的就是当时流行于欧洲的一种数学游戏。它的起源时间不详，但很可能早于 11 世纪。在一部约写成于 1030 年的讨论该游戏的手稿中，作者阿西洛（Asilo）提到意大利博伊修斯（Boethius，375—524）的数学著作，因此有人将其归功于博伊修斯；更多的人则将其归功于毕达哥拉斯，因为它与毕氏学派的比例理论密切相关。它常常被称为“哲学家的游戏”，因为沉迷于该游戏的多半是精通数学的知识阶层。从 11 世纪初直到 18 世纪初整整 7 个世纪的流传充分证明了它的无穷魅力。

“数字战”是一种棋盘游戏。棋盘横 8 格，纵 16 格。棋子共有 48 块，黑、白二色各 24 块。棋子有圆、三角形和正方形三种形状，各 16

1 沈康身．历史数学名题赏析．上海：上海教育出版社，2002: 956.

2 或写成 rhythmomachie，richomachie，rithmimachia，ritmachya，rhythmimachia 等。

块，每种形状的棋子中黑、白各 16 块。

棋子上的数字是按照毕达哥拉斯学派的尼可麦丘（Nicomachus, 100 年左右）在《算术引论》中所定义的三种比来确定，分别为 $a:an$，$a:\left(1+\frac{1}{n}\right)a$ 和 $a:\left(1+\frac{n}{n+1}\right)a$。其中 a，n 和 m 为正整数。比率中前项称为“申请者”，后项称为“被申请者”。圆棋、三角旗、方棋上的数字分别按第 1 种、第 2 种和第 3 种比来确定。黑棋上的数字满足 n 为偶数；白棋上的数字满足 n 为奇数。以 P 表示申请者，“P 黑”和“P 白”分别表示黑色和白色申请者；p 表示被申请者，“p 黑”和“p 白”分别表示黑色和白色被申请者，则所有棋子上的数字见表 3–2。

表 3–2 中黑色圆棋的“P 黑”行 2、4、6、8 和白色圆棋的“P 白”行 3、5、7、9 是先取定的，按规定比得到黑、白二色圆棋的“p 黑”和“p 白”行诸数字。三角棋中“P 黑”行由圆棋“P 黑”行与“p 黑”行相应数字相加得到；“P 白”行由圆棋“P 白”行与“p 白”行相应数字相加得到。按规定比例得到三角棋的“P 黑”和“P 白”行诸数字。类似地，方棋中“P 白”行由三角棋“P 白”行与“P 白”行相应数字相加得到；“P 黑”行由三角棋“P 黑”行与“P 黑”行相应数字相加得到。按规定比例得到方棋的“P 黑”和“P 白”行诸数字。易见，当圆棋“P 黑”四数确定后，所有其他棋子上的数字都确定了。其关系见表 3–2 最后一列。

所有棋子与象棋中的车的走法相同。同一纵线上前后走，同一横线上左右走。任何棋子都不能斜走。游戏规则是：

规则一：如果在 A 与敌方的 nA 之间存在 n 个空格，并且轮到 A 所在一方走，则 A 吃掉 nA（图 3–35 左）；但 A 停在原处不动，而不是像象棋中那样占据 nA 的位置。如果两棋有相同的数，则必须间隔一个空格。

表 3-2 数字战棋上的数

棋形	颜色	数字的确定				与首行关系
圆棋	P黑	2	4	6	8	a
	p黑	$2\times2=4$	$4\times4=16$	$6\times6=36$	$8\times8=64$	a^2
	P白	3	5	7	9	$a+1$
	p白	$3\times3=9$	$5\times5=25$	$7\times7=49$	$9\times9=81$	$(a+1)^2$
三角棋	P黑	$2+4=6$	$4+16=20$	$6+36=42$	$8+64=72$	$a(a+1)$
	p黑	$\left(1+\frac{1}{2}\right)\times6=9$	$\left(1+\frac{1}{4}\right)\times20=25$	$\left(1+\frac{1}{6}\right)\times42=49$	$\left(1+\frac{1}{8}\right)\times72=81$	$(a+1)^2$
	P白	$3+9=12$	$5+25=30$	$7+49=56$	$9+81=90$	$(a+1)(a+2)$
	p白	$\left(1+\frac{1}{3}\right)\times12=16$	$\left(1+\frac{1}{5}\right)\times30=36$	$\left(1+\frac{1}{7}\right)\times56=64$	$\left(1+\frac{1}{9}\right)\times90=100$	$(a+2)^2$
方棋	P黑	$6+9=15$	$20+25=45$	$42+49=91$	$72+81=153$	$(a+1)(2a+1)$
	p黑	$\left(1+\frac{2}{3}\right)\times15=25$	$\left(1+\frac{4}{5}\right)\times45=81$	$\left(1+\frac{6}{7}\right)\times91=169$	$\left(1+\frac{8}{9}\right)\times153=289$	$(2a+1)^2$
	P白	$12+16=28$	$30+36=66$	$56+64=120$	$90+100=190$	$(a+2)(2a+3)$
	p白	$\left(1+\frac{3}{4}\right)\times28=49$	$\left(1+\frac{5}{6}\right)\times66=121$	$\left(1+\frac{7}{8}\right)\times120=225$	$\left(1+\frac{9}{10}\right)\times190=361$	$(2a+3)^2$

图 3-34　“数字战棋”开局前黑白双方的布阵（左为白方，右为黑方）

规则 1　　规则 2　　规则 3

图 3-35　数字战棋之游戏规则

规则二：如果在同色棋子 A 和 B 之间有一敌方棋子 C，C = A + B，并且轮到 A、B 所在一方走，则它们可吃掉 C 棋（图 3-35 中）。

规则三：如果一棋被围在四个敌方的棋子中间，它就被对方吃掉（图 3-35 右）。

胜负约定有雅俗之分。普通约定为：拥有更多棋子或更多点数的一方胜出。高雅约定分三个层次：

小胜。进入对方地盘且同在一条直线上的三子构成几何比，或算术比，或调和比。如图 3-36“小胜”图中的三黑子 9、16、72 构成调和比。

中胜。进入对方地盘且同在一条直线上的四子中，有三个构成一种比例，同时有三个构成另一种比例。如图 3–36“中胜”图中的四黑子 4、6、8、9，其中 4、6、8 构成算术比，同时 4、6、9 构成几何比。

大胜。在进入对方地盘且同在一条直线上的四子中，有三个数构成一种比例（算术、几何或调和比），三个数构成另一种比例，同时，其中两数之比与另两数之比相等。如图 3–36“大胜”图中的四黑棋 2、9、16、72，其中 2、9、16 构成算术比，9、16、72 构成调和比，同时 $2:9=16:72$。

小胜　　中胜　　大胜

图 3–36　数字棋之胜负约定

比例知识是中世纪教会学校数学课程的最重要内容之一，因此，我们有理由相信，复杂的“数字之战”乃是作为数学教学的辅助工具而被发明出来的。

3.8　十五子棋

在数学游戏中，我们不能不提到“十五子棋”。在一个浅浅的木制或金属制方盒里装有 15 个小方块，上面标有 1 到 15 共 15 个数字，剩下一个空格，使得 15 个方块可以移动。游戏要求从 15 个方块的初始位置（通常按自然顺序排列，如图 3–37 左图）移动为指定的排列（如

图 3–37 右图）。该游戏自 1878 年由美国制谜大师萨姆·洛伊德（Sam Loyd, 1841—1911）发明后，立即在美国风行起来。洛伊德的儿子后来这样描写当时的情景：

> 人们被这个游戏弄得神魂颠倒，有些荒谬可笑的传说讲道，一些店主忘了打开店门；一个很出名的牧师竟会在整个冬夜里伫立在路灯下苦苦思索，想回忆出他曾经完成的那一个步骤……传说有的轮船驾驶员差一点使他们的船出事；有的火车司机把火车开过了站。一位著名的巴尔的摩编辑讲起过这样一件事：他出去吃午饭，结果当他的紧张万分的同事在午夜过后很久找到他时，他还在将一只盆子里的馅饼片推来推去。[1]

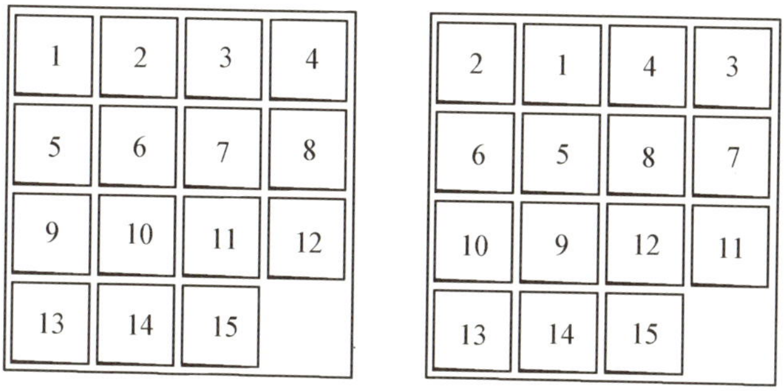

图 3–37　十五子棋

“15 子戏”也在欧洲不胫而走。在德国，街头、工厂、皇宫、国会，随处可见沉迷于这个游戏的人们。雇主们不得不张贴告示，禁止他们的雇员在上班期间玩此游戏，违者将被解雇。连选民们都不得不去监督他们所选出来的代表是否在国会玩这个“老板游戏”。在法国，在巴黎的大街上，在从比利牛斯到诺曼底的每一个小村庄里，到处都有

1　辛格 西蒙．费马大定理．薛密，译．上海：上海译文出版社，1998：119–120.

人玩这该死的“拼板数字游戏”（Jeu de Taquin）。一位当时的新闻记者甚至如是说：这“拼板数字游戏”比烟草和酒精还要糟糕，它让无数的人们患头疼，神经痛，甚至神经病，它是人类痛苦的根源！

整个欧洲都为“十五子戏”发了疯。人们举办比赛，设立巨额奖金，但奇怪的是，从来没有人能赢得这些奖金。我们知道，15 个方块加上一个空格的所有可能的不同排列数共有 16! = 20922789888000 种。游戏发明后不久，两位美国数学家在《美国数学杂志》上发表论文，证明了对于任何一种给定的排列，所有可能的排列中只有半数能够通过移动方块得到，也就是说，约 10 万亿种排列是能够得到的，而另外 10 万亿种则是根本无法得到的。难怪那么丰厚的奖金就是无人能拿到，原来，设奖的排列根本就是不可能得到的！不幸的是，《美国数学杂志》远远没能像“十五子戏”本身那样传播，否则，又会有多少抵制不住金钱诱惑或好奇心驱使的人们脱离痛苦的深渊！

1	2	3	4
5	6	7	8
9	10	11	12
13	15	14	

4	3	2	1
8	7	6	5
12	11	10	9
15	14	13	

图 3–38　无法从自然排列经过移动得到的排列

实际上，我们可以把移动方块得到某个指定排列的过程看作是空格“移动”的过程。空格从右下角出发，经过某一条路径，最后又回到了右下角。易见，在这个过程中，空格向上和向下走过的方块数是相等的，向左和向右走过的方块数也是相等的。也就是说，空格总共必须经过偶数个方块。由此可以得到判定一种给定的排列能否从初始自然排列得到的方法：只需数一数该排列中有几个逆序，如果逆序数是偶数，则排列是可以得到的；如果逆序数是奇数，则排列是无法得到的。所谓逆序，是指一个数排在比它小的数的前面。18 世纪瑞士数学家克莱姆（G. Cramer, 1704—1752）在研究方程组的一般解法时已经提出过这个概念。如在排列 2，1，4，3 中有 2 个逆序，即（2，1）和（4，3）。在 n 个数的所有可能的排列中，逆序数为偶数和奇数的排列各占一半。图 3–37 右图中的排列共有 6 个逆序，因而可以从初始排列经过移动得到。而图 3–38 两图中的排列分别含有 1 个和 21 个逆序，故不可能从初始自然排列经过移动得到。图 3–38 左图正是洛伊德本人设立高额奖金的排列。

3.9 梵天金塔

在历史上，许多趣味数学问题或游戏都可以借助二进制来解决，其中有著名的中国九连环问题、梵天塔问题、Nim 问题等。

传说，梵天创造天地之初，于世界中心之巴云（Benares）庙里安放了一个黄铜板，板上插着三根宝石针，每根针高约 1 腕尺，像韭菜叶那样细。在其中一根针上，从下到上放了由大到小的 64 片金盘，称

图 3–39 河内塔（8 片金盘的情形）

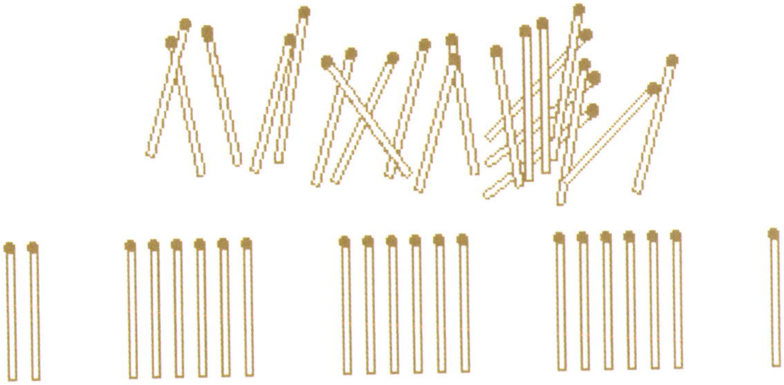

图 3-40

为梵天塔。无论日夜，都有一值班僧人按梵天所定法则，将金盘移动。法则为：一次只能移动一片，小片永远在大片上面，当所有 64 片都被移到另一根针上时，世界就会在一声霹雳中毁灭，梵塔、大庙和众生都会同归于尽。

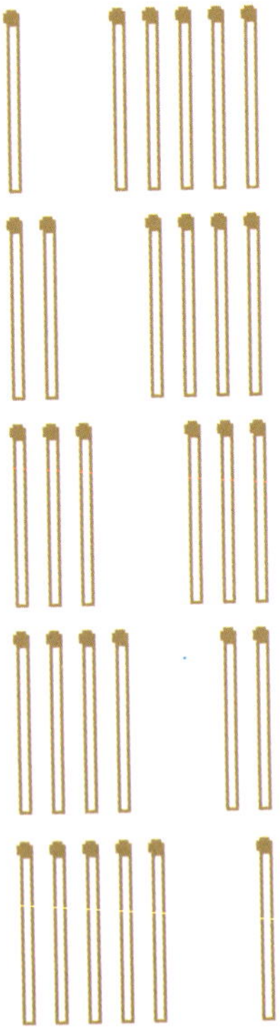

图 3-41

Nim 问题是这样的：将筹码分成若干组，两个游戏者轮流从中取筹码。一次可以取其中某一组，或这一组中的任意个（但至少必须取一个）；取最后一个筹码者即为输者。假设有 21 根火柴，游戏者每次至少必须取 1 根，最多可以取 5 根。如果甲先取火柴，那么他可以通过如下方法来取胜。在心里暗暗将火柴分成 2、6、6、6、1 五组（图 3-40），然后取出 2 根；接着视乙取火柴的根数来决定第二次取法：如果乙取 1 根，甲就取 5 根；乙取 2 根，甲就取 4 根；乙取 3 根，甲就取 3 根；乙取 4 根，甲就取 2 根；乙取 5 根，甲就取 1 根，即甲乙所取总数为 6。接下来的取法也是如法炮制。最后，乙就不得不面对剩下的最后 1 根了。

在 n 根火柴的情形，先取者只需在心里暗暗将火柴分成 $k+2$ 组，其中的 k 组各含 6 根火柴，其余两组中，一组含 1 根，另一组火柴数在 1 和 6 之间。做到这一点并不难，不过是把 n 写成 $6k+m+1$（k，m 均为正整数，$1 \leqslant m \leqslant 6$）的形式罢了。

3.10　蜘蛛食蝇

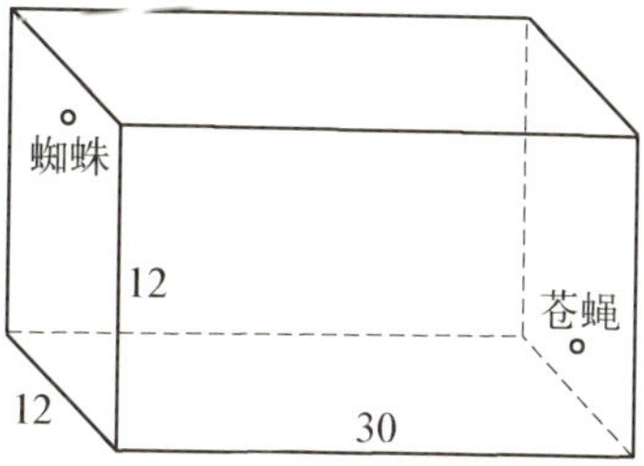

图 3-42

如果说不可能位置的存在是造成无数玩“十五子戏”的人痛苦不堪的原因的话，那么，杜德内的“蜘蛛和苍蝇问题”让无数人百思不得其解则是他们自己的直觉惹的祸。设想有一个长 30 英尺、宽 12 英尺、高 12 英尺的房间（如图 3-42 所示），在面积较小的一面墙上有一只蜘蛛，蜘蛛位于中轴线上，且离天花板 1 英尺；在这面墙的对面墙上有一只苍蝇，苍蝇也位于中轴线上，且离地面 1 英尺。现在要问：蜘蛛欲吃苍蝇，它的最短路径是什么？你肯定会不假思索地为蜘蛛选择这样的“最佳”路径：先沿墙壁的中轴线向下爬，然后沿地面的中轴线向对墙爬，最后沿对墙中轴线向上爬即可，或者先向上爬，然后沿天花板的中轴线爬，最后沿对墙中轴线向下爬，两条路径的总长度均为 42 英尺。

那么，饥肠辘辘的蜘蛛对你的选择会感到满意吗？且让我们用下面四种方法将纸折成房间模型。利用几何中“两点之间直线段最短”的公理，四种情形中，蜘蛛和苍蝇之间的距离分别为 42、43.2、40.7 和 40 英尺。可见，第四条路径才是蜘蛛最满意的。

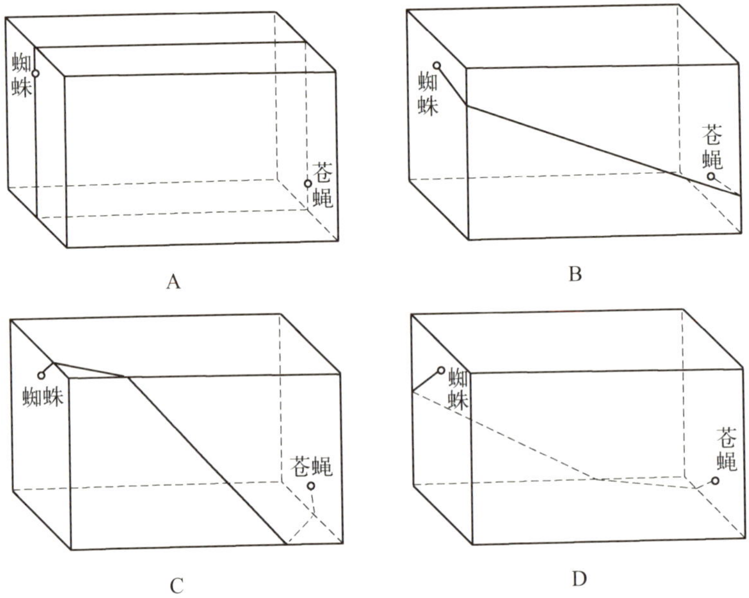

图 3-43　蜘蛛路线图

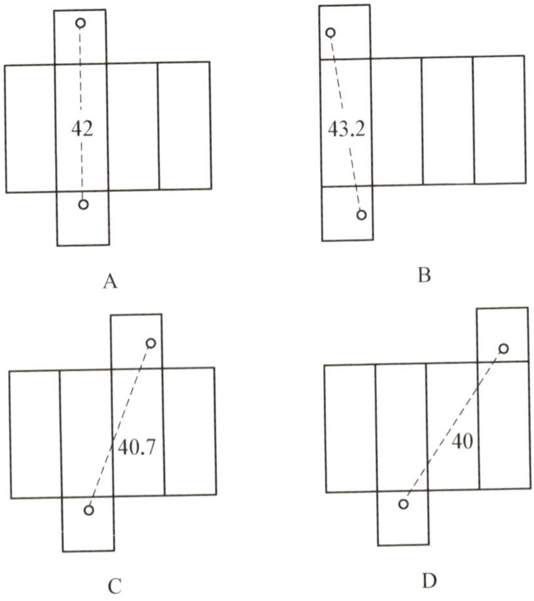

图 3-44　四种路线的距离

3.11　几何谬论

在第 1 讲中我们提到，英国数学家、《爱丽丝漫游奇境记》的作者卡洛尔向儿童提出了许多趣味数学问题。其中最著名的莫过于 19 世纪流行于欧洲的几何谬论。

第一个谬论产生于几何拼图。如图 3–45，将边长为 8 的正方形分割为四块，重新拼合成边长为 5 和 13 的矩形。由此得到 64 = 65！其中那 1 个单位的面积是哪里来的?

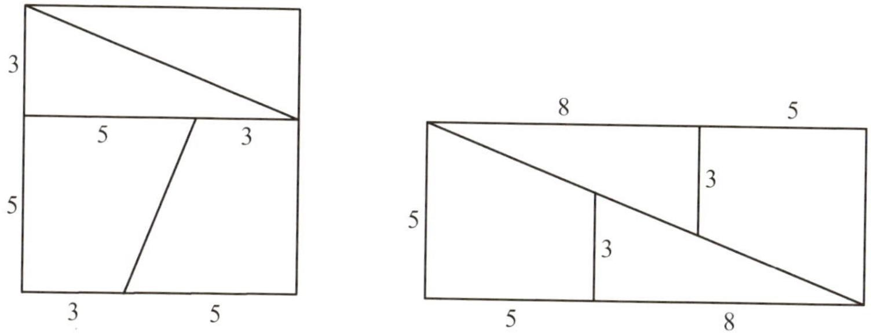

图 3–45　几何谬论：64 = 65

后人提出了更多的拼图问题。诸如：

等腰三角形

将底为 10、高为 12 的等腰三角形分割为六块，重新拼合后，得到右边的同样大小的三角形，但少了中间的一个小矩形！

直角三角形

将十块图形以六种不同方式拼成直角边为 9 和 16 的直角三角形，各直角三角形中所含非三角形小图的面积分别为 44、45、46、47、48、49！

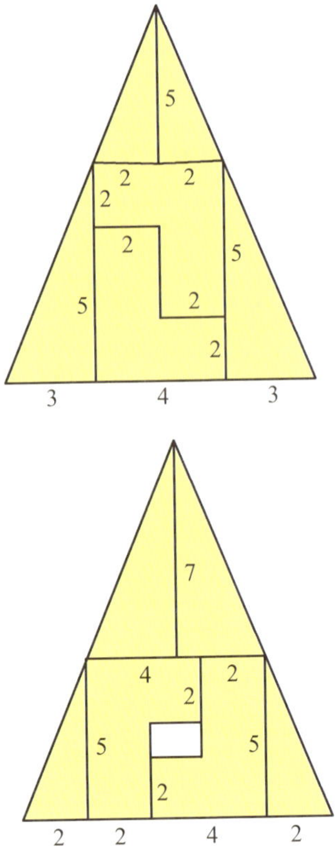

图 3-46 “等腰三角形”的分割与重组

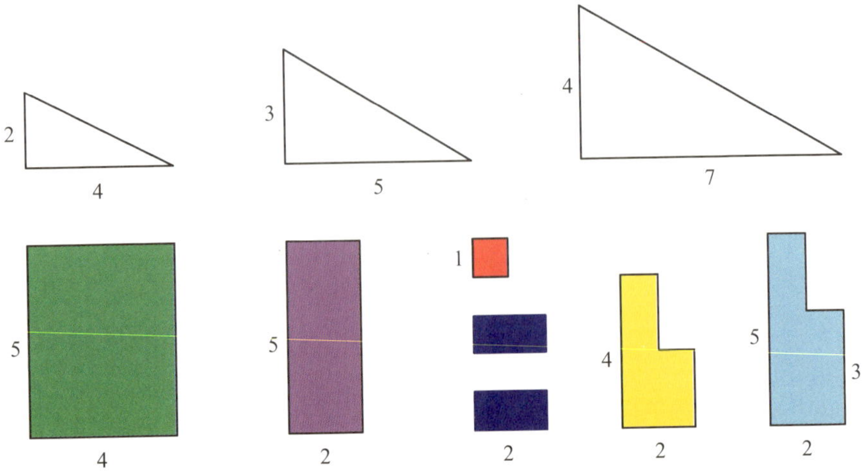

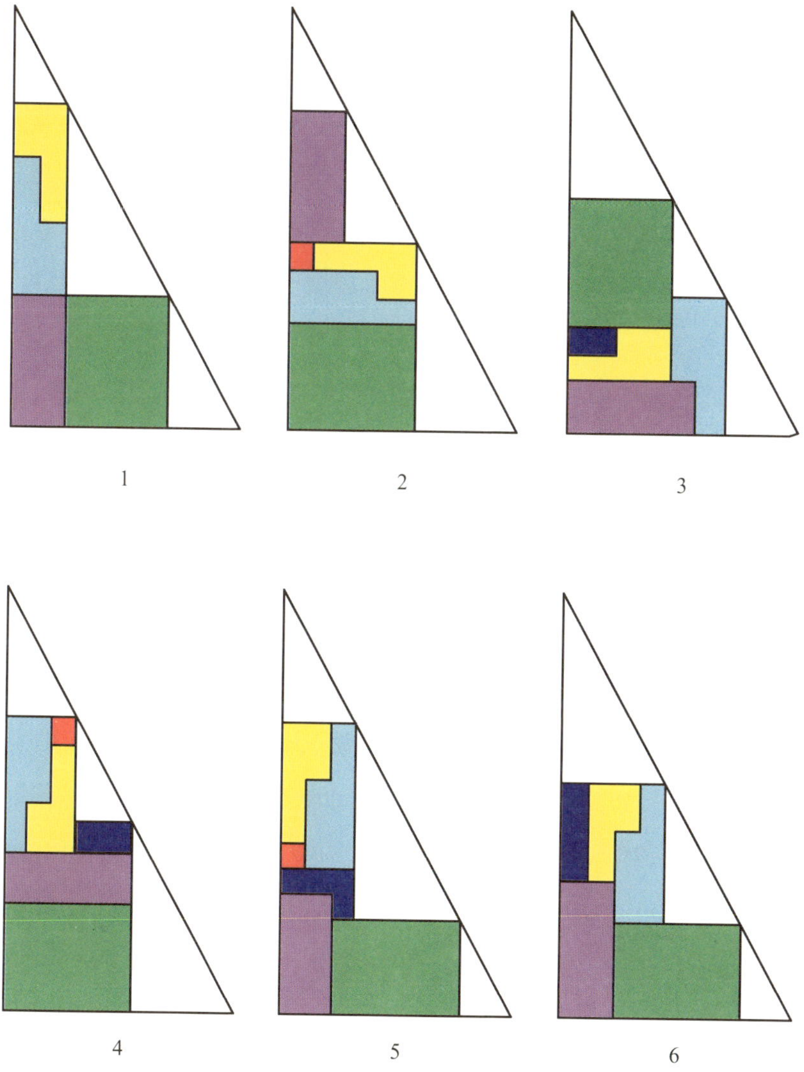

图 3-47　“直角三角形”的不同组合

第二个谬论产生于几何证明。如图 3–48，ABC 为任一三角形，分别作顶角 A 的平分线和底边 BC 的垂直平分线，交于点 O。过 O 分别作两腰 AB 和 AC 的垂线，垂足分别为 D、F。易证 $\mathrm{Rt}\Delta ADO \cong \mathrm{Rt}\Delta AFO$，$\mathrm{Rt}\Delta ODB \cong \mathrm{Rt}\Delta OFC$，从而得 $AD = AF$，$BD = CF$。于是，$AB = AC$。因此，任意三角形均为等腰三角形！

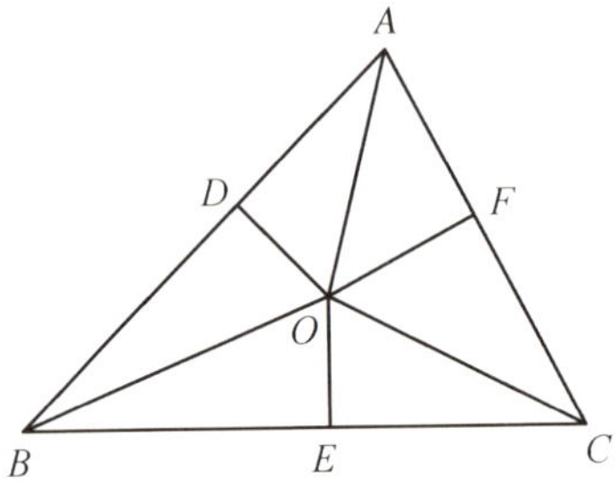

图 3–48 几何谬论：任意三角形都是等腰三角形

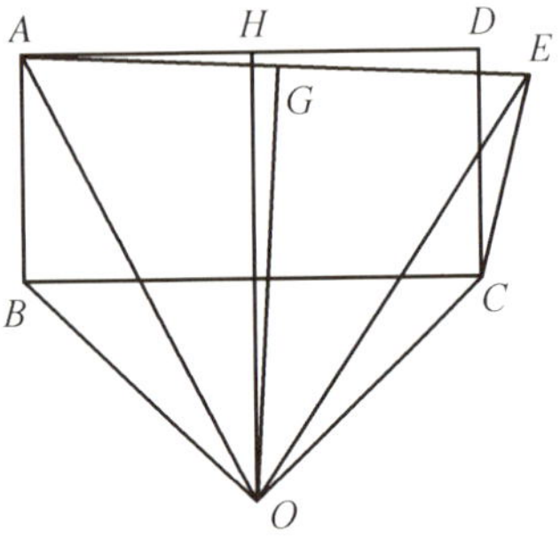

图 3–49 几何谬论：直角等于钝角

1893 年，剑桥大学三一学院的鲍尔（W.W. R. Ball, 1850—1920）提出了另一个几何谬论："直角等于钝角"。如图 3–49，在矩形 $ABCD$ 的一边 CD 的外侧，作 $CE = CD$，连接 AE。分别作 AD 和 AE 的垂直平分线，交于点 O，连接 OA、OE、OB、OC，则可以证明：三角形 ABO 与三角形 ECO 全等，于是得 $\angle ABO = \angle ECO$，但 $\angle OBC = \angle OCB$，故有 $\angle ABC = \angle ECB$，从而得"直角等于钝角"的谬论。

此外，卡洛尔还提出一个一笔画问题[1]：如何一笔画出图 3–50 中的三个重叠正方形，要求在画图过程中，不能穿过前面已经画过的线段。

1 Watkins J J. Review of Lewis Carroll in Numberland: His Fantastical Mathematical Logical Life. *Mathematical Intelligencer*, 2009, **31**(4): 60–62.

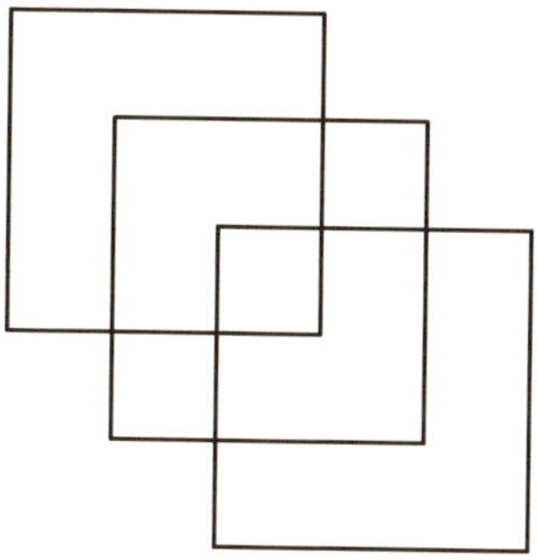

图 3-50　三正方形问题

3.12　九点十行

1876 年，卡洛尔提出了两个点线问题。一是“十点五行”问题：给定 10 个点，排列成两行，每行各 5 点。要求移动其中 4 个点，得到五行，每行含 4 点。该问题的解法有 2400 种之多，图 3-51 列出其中的四种。

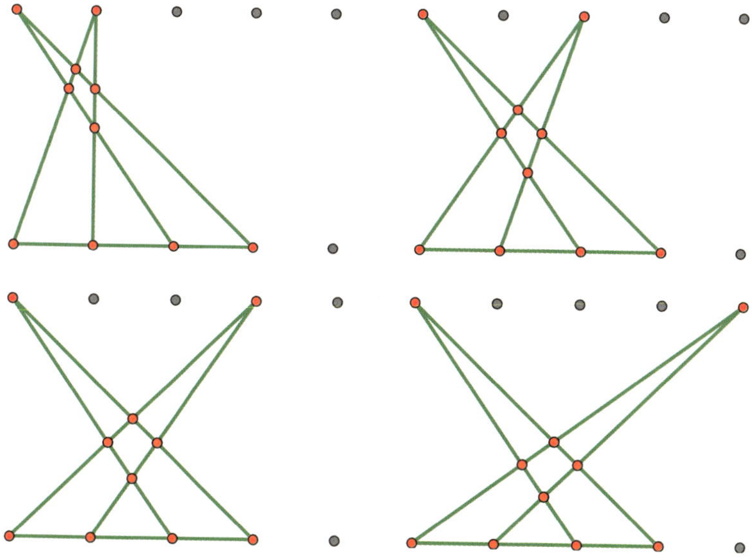

图 3-51　移点问题的部分解法

二是“九点十行”问题：如何排列 9 个点，可得到 10 条直线，每条直线各含 3 个点。该问题并非由卡洛尔首创。制谜题大师杜德内将该问题归功于牛顿。英国数学家杰克逊在《冬日智力消遣》中提出：“植下九棵树，列成一十行；行行含三棵，需要你帮忙。”[1] 此后，该问题在欧洲广为流传。

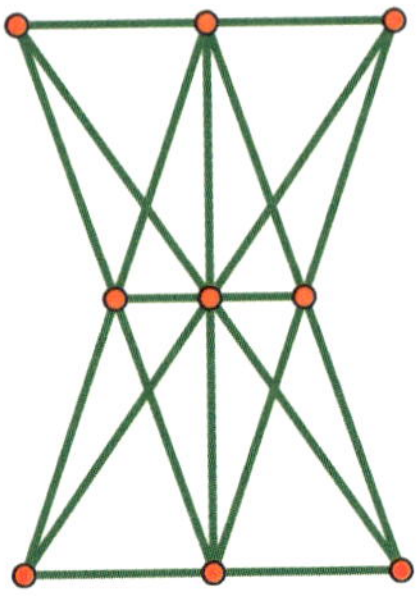

图 3-52 九点十行问题的解法

《冬夜智力消遣》还给出其他好几道“点线问题”，参阅问题研究[3-10]。

3.13 寻找关系

在举不胜举的趣味数学问题中，还有广为人知、但往往让人掉入五里云雾之中的“关系”问题。法国著名剧作家欧内斯特·勒古韦（Ernst Legouvé, 1807—1903）一次在公共浴室里洗澡，突然心血来潮，向一起洗澡的同伴提出如下问题：两个彼此之间没有血缘关系的男人是否可能有同一个姐妹？一位公证员不假思索地说：“不，根本不可能。”一位反应稍微迟钝一些的律师仔细想了一阵子后，同意那位公

1 Jackson J. *Rational Amusement for Winter Evenings*. London: Longman, etcs, 1821: 33–34.

证员的看法。接着，旁边的人都一致认为：绝对不可能。

“但这仍然是可能的，”只听得剧作家不紧不慢地说道，“现在我说出两个人来。他们中一个是欧仁·苏（Eugene Sue），另一个就是我。”众人哪里肯信？七嘴八舌，都嚷着要他解释清楚。于是勒古韦叫服务员取来用于记录顾客名字的石板。他在石板上写道：

图 3-53 勒古韦

苏太太～苏先生　　索菲女士～苏先生　　索菲女士～勒古韦先生

|　　|　　|

欧仁·苏　　弗洛蕾·苏　　欧内斯特·勒古韦

其中，“～”表示结婚，“|”表示生子女。显然，欧仁·苏和欧内斯特·勒古韦并没有亲戚关系，但他们却有一个共同的姐妹弗洛蕾·苏[1]！

为了解决关系问题，苏格兰数学家亚历山大·迈克法兰（Alexander Macfarlane，1851—1913）发明了一种“关系代数”，解决诸如“我没有一个姐妹和兄弟，但这人的父亲是我父亲的儿子”之类的较为简单的关系问题。但是，如果让迈克法兰解决下面的印度传说中的关系问题，恐怕他也会觉得力不从心。

1 Newman J R. *The World of Mathematics* (Vol.4). New York: Simon and Schuster, 1956: 2434–2435.

一个国王被他的族人篡夺了王位，被迫带着妻子和女儿踏上逃亡之路。真是祸不单行，福无双降，三人在途中不幸遭遇穷凶极恶的强盗。可怜的国王竟死于非命，而母女俩则侥幸逃脱。她们慌不择路，逃到一片森林里。邻国的亲王和他的儿子恰好在林中打猎。亲王是个鳏夫，而他儿子则尚未婚配。他们发现了两个女逃亡者，于是沿着她们的脚印尾随在后。父亲说要娶那个大脚印的（想必是年长者）做妻子，而儿子则说要和小脚印的（当然应该是年轻者）结为伉俪。父子俩追上了母子俩。他们一起回到城堡后，父子俩惊讶地发现：原来小脚是母亲的，而大脚却是女儿的！不过一言既出，驷马难追，他们还是按照大小脚印的约定，娶了各自的新娘。关系顿时复杂起来：母亲成了女儿的儿媳，女儿成了母亲的婆婆，父亲成了儿子的女婿，儿子成了父亲的丈人。婚后，母亲和女儿各自又都生儿育女。外婆是嫂子，姐姐又是奶奶，舅舅是侄子，外孙又是叔叔……

在巴黎附近的阿伦库特，有一座古墓，墓前有碑，碑上刻着以下的铭文：

> 这里长眠着儿子，这里长眠着母亲；
> 这里长眠着女儿，这里长眠着父亲；
> 这里长眠着姐姐，这里长眠着弟弟；
> 这里长眠着妻子和丈夫，
> 但是，这里永远相伴的只有三个人。

读者不妨对墓中三人的关系作出推断。

问题研究

3-1. 分别解阿尔昆和塔塔格里亚的摆渡问题。

3-2. 用七巧板设计几个人物或动物的图案。

3-3. 用七巧板拼出 5、6、7、8、9、0 六个阿拉伯数字。

3-4. 试将图 3-54 中诸图形分割为阿基米德十四巧板中的组件。

图 3-54　用十四巧板拼成的图形

3-5. 在著名的约瑟夫问题中，若设排成一圈的人数为 n，并且从 1 号开始按顺时针方向点数，每点到 2，第 2 号被扔进大海。记最后剩下的一个人位于第 $J(n)$ 号。当 $n=1, 2, \cdots, 16$ 时，相应的 $J(n)$ 如下：

n	1	2	3	4	5	6	7	8	9	10	11	12	13	14	15	16
$J(n)$	1	1	3	1	3	5	7	1	3	5	7	9	11	13	15	1

试给出 $J(n)$ 与 n 的一般关系式，并计算 $J(100)$ 和 $J(500)$。

3-6. 分别解决“64 = 65”“任意三角形都是等腰三角形”“直角等于钝角”三个几何谬论。

3-7. 试解杰克逊的“二十一个瓶子”问题。

3-8. 利用十进制记数法、小数点（包括循环节）、括号、加减乘除符号、平方根（有限次）、阶乘号，分别将四个 1、四个 2、四个 3、四个 5、四个 6 表示成连续正整数。

3-9. 在著名的“十五子棋”中，可以根据逆序数来判定一种给定的排列能否从初始自然排列得到。问：从自然排列出发，能否得到下面两种排列？

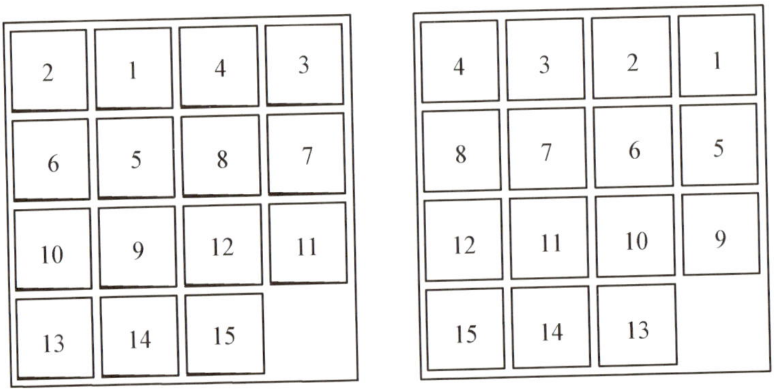

图 3-55　利用逆序数判定十五子棋的可能性

3-10. 试解以下杰克逊的点线问题：

（1）每行种三树，十五树成二十三行；

（2）每行种三树，十七树成二十四行。

第 4 讲

陈年佳酿

> 遇上不时挡住去路的令人泄气的高墙该怎么办呢？我听从伟大的几何学家阿朗伯特（即达朗贝尔，作者注）给青年数学家的建议里提出的告诫。他说："要有信心，勇往直前！"
>
> ——法布尔

4.1　牛顿定理

被誉为"昆虫世界的诗人和预言家"的法布尔师范毕业后被分配到乡下一个条件十分简陋的、全校教师只能挤在一张校长餐桌上吃饭的学校教书。尽管读师范时学过一些平面几何知识，但作为文科生的他，数学知识特别是代数知识依然相当贫乏。用他自己的话说，开一个平方根，证明一个球的表面积公式，已经是科学的顶点了。打开一张对数表，立即头晕目眩。[1] 可是有一天，一个报考桥梁工程专业的年

1　法布尔 . 昆虫记（卷九）. 鲁京明，梁守锵，译 . 广州：花城出版社，2001：122-133.

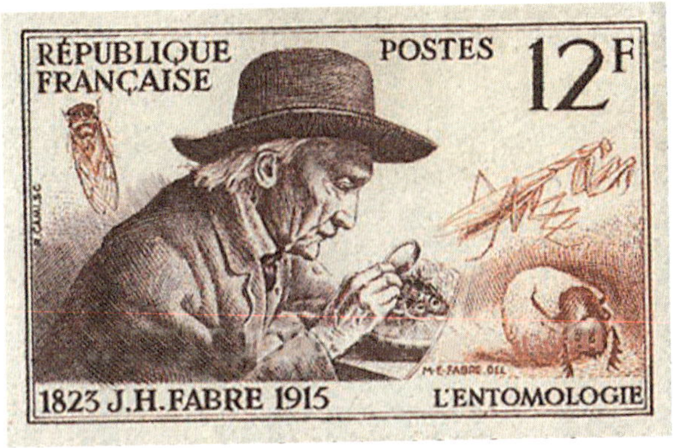

图 4-1 法布尔（法国，1956）

龄与他相仿的不速之客登门造访。原来，这位年轻人的考试科目中有数学，为了通过这场考试，他希望法布尔能辅导他学代数。真是病急乱投医。法布尔先是吃惊，接着是犹豫；但最后，不知从哪儿来的勇气，他竟然答应人家了：后天开始上课。

自己不懂游泳，却要教别人游泳，怎么办？勇敢的办法是自己先跳进海里！这样，在濒临死亡的时候也许会产生一股强大的求生力量。可是，法布尔不光对代数一窍不通，而且连一本代数书都没有：他想跳进代数学的深渊，可是连深渊都没有。他想去买一本，可是囊中羞涩，况且他那里可不是巴黎，想买就能买到的。离上课只有 24 小时。

有了。有位教自然科学课的先生，是学校领导层的人物，尽管在学校里他有两个单间，但平时住城里，也算是上流社会的人物了。法布尔猜想他房间里必有代数书；但由于人家高高在上，又怎敢开口言借？只有一个办法：偷。如果那时中国作家鲁迅已经写出小说《孔乙己》来该多好，这样法布尔也许就不会责备自己了。正逢休假日，四顾无人，法布尔幸运地用自己房间的钥匙打开了在城里度假的主人的房间。天从人愿！双腿有些发抖的小偷从书柜里搜索出三指厚的一本代数书来。

神不知鬼不觉，法布尔回到了自己的房间。他急切地打开书本，一页又一页地翻看着，了无兴趣。大半本书翻过去了，突然，他的眼光停在了一个章名上:“牛顿二项式”。誉满全球的 17 世纪英国大科学家牛顿，他的二项式是怎么回事？强烈的好奇心促使法布尔拿起笔，一边看，一边在纸上写字母的排列和组合。整整一个下午，他就在排列和组合中度过。不可思议，法布尔竟然完全搞懂了！

这下，他可以从容地应对明天的数学课了。这真是与众不同的课，人家从头开始教，而法布尔则几乎是从末尾开始教。他时而耐心地讲授，时而和学生进行讨论，第一次课获得了巨大的成功。牛顿二项式定理大大增加了法布尔的自信心。法布尔继续向更多的代数知识点发起冲击，壁炉里的火光伴着他度过了一个又一个不眠之夜。

在知难而进的老师和认真忠实的学生共同努力下，他们最后啃完了代数课本。那年轻人如愿以偿，通过了考试。那本代数书被偷偷地放回了原处。

法布尔继续向解析几何发起了冲击，他这样描述自己的学习历程[1]：

> 当我失足掉进一个未知世界时，有时能找到炸药把它炸开。刚开始是小颗粒，颗粒结成小团滚动着，越变越大。从一个定理的斜坡滚向另一个定理的斜坡，小团变成了大团，成了有巨大威力的弹丸，它倒退着向后抛，劈开了黑暗，现出一片光明。

经过一年多的努力，他顺利拿到了数学学士学位。

1　法布尔 . 昆虫记 (卷九). 鲁京明，梁守锵，译 . 广州：花城出版社，2001：142.

4.2 傍晚之星

图 4-2 华蘅芳

法布尔的经历让我们联想起我国清代数学家华蘅芳（1833—1902）年轻时学习微积分的经历。华蘅芳是江苏金匮（今属无锡）人，他聪明伶俐，14 岁开始自学数学，凡遇数学书，常常爱不释手。我们在《透视 1》第 2 讲中曾经介绍过他对勾股定理的 22 种证明，真可谓才华横溢，后生可畏。

20 岁时，华蘅芳来到上海，去墨海书馆[1]拜访著名数学家李善兰（1811—1882）。当时，李善兰和墨海书馆的负责人、英国传教士、著名汉学家伟烈亚力（A. Wylie, 1815—1887）正在合作翻译英国数学家德摩根的《代数学》和美国数学家罗密士（E. Loomis, 1811—1889）的《解析几何与微积分基础》（译名《代微积拾级》）。李善兰这样向他介绍微积分：

> 此为算学中上乘功夫。此书一出，非特中法几可尽废，即西法之古者亦无所用矣。

这是华蘅芳平生第一次知道数学上除了天元术以外，竟然还有微分、积分之术。这对于热爱数学的华蘅芳来说无疑充满了难以抗拒的诱惑力！他从李善兰和伟烈亚力的译稿中抄录数条，拿回家细看，结果，

1 英国伦敦会在上海所设的印刷所。

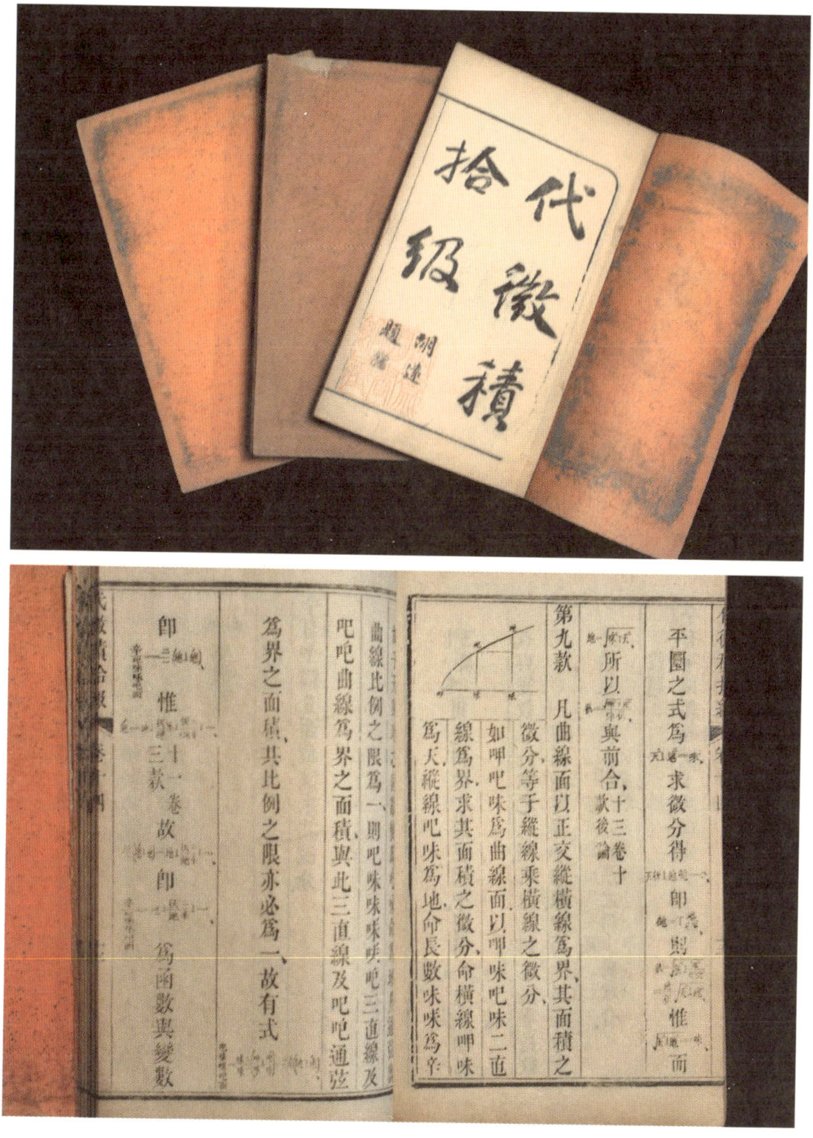

图 4-3 《代微积拾级》书影

茫茫然一无所获。

几年后[1]，中国第一本微积分教材《代微积拾级》出版了，李善兰送了一套给华蘅芳。展卷披阅，不知所云，不啻天书。的确，如果我写一个书中的公式给你看——

$$\text{禾}\frac{\text{甲}\perp\text{天}}{\text{彳天}}=(\text{甲}\perp\text{天})\text{对}\perp{}^{\text{口}}\text{丙}$$

你若不晕过去，就已算坚强。难啊！无奈之下，华蘅芳只好又跑到墨海书馆，向李善兰求教。李善兰如是说：

> 此中微妙，非可以言语形容，其法尽在书中，吾无所隐也。多观之，则自解耳。是岂旦夕之工所能通晓者哉！

说得多好！学习微积分，是需要多“观”多“思”多“悟”的。听了李善兰的话后，华蘅芳拿《代微积拾级》“反覆展玩不辍，乃得稍有头绪”。华蘅芳对自己学习微积分的这个艰难过程作了一个精彩的比喻：“譬如傍晚之星，初见一点，旋见数点，又见数十点、数百点，以致灿然布满天空。”[2]

回头看法布尔，他学习代数学的经历不正是这样吗？那牛顿二项式定理不正是他初见的一颗星星吗？

4.3 成才之路

19 世纪有一位苏格兰数学家，今天的大多数中国人并未听说过。可是，如果我们了解晚清科学史，就会发现，他为《大英百科全书》所

---

1 尽管《代微积拾级》可能早在 1857 年初就译完了，但直到 1859 年才出版。

2 华蘅芳. 学算笔谈（卷五）. 光绪二十三年（1897）味经刊书处刊本.

写的微积分词条被华蘅芳和英国传教士傅兰雅（J. Fryer, 1839—1928）翻译成中文，成了中国历史上第二本微积分教材。华里司（W. Wallace，1768—1843）是晚清中国知识界十分熟悉的一个名字。

图 4-4　华里司

华里司的祖辈生活在苏格兰法夫郡的一个名叫基尔康曲哈尔（Kilconquhar）的村庄里，其祖父继承了少数家产，但因经营不当而丧失殆尽。父亲亚历山大·华里司不甘贫穷，来到海滨自治市戴萨特（Dysart）创业，成了一名制造供出口的皮鞋与皮革的商人，生意做得相当大。然而，1775 年美国独立战争的爆发给了亚历山大的生意以致命的打击。

华里司于 1768 年 9 月 23 日出生于戴萨特，是家中的长子。戴萨特城中有一位寡居的老妪，办了一所小学，同时零售一些小商品；华里司就在这所小学接受启蒙教育。大约七岁时，他转往一所更好的学校，算术是其中的一门学习科目。约 11 岁时，因为家境窘迫，他被迫辍学，从此无缘正规的学校教育。

美国独立战争结束第二年，亚历山大举家迁至爱丁堡。16 岁的华里司成了一名装订商的学徒，之后做过书商的店员，也当过印刷厂的仓库管理员。一名装订工每天都是和书本打交道的，华里司稍有闲暇，便阅读手头的各类书籍，特别是科学书籍，这大大激发了他求知的欲望。然而，他的那位装订商老板只知道如何榨取学徒们的血汗，对知识学问毫无兴趣。可想而知，在这种情况下，华里司白天读书机会并

图 4-5 《微积溯源》扉页

不多。这个时期，他和父母住在一起。他自己买了不少数学书，他的衣服口袋里总是装着一本，常常一边吃饭一边看，在上下班的路上，手不释卷。功夫不负有心人，在 20 岁以前，华里司熟读了很多英文数学书籍，但他无师无友、一路独行。

幸运之神悄然来临。他偶然结识了一位上了年纪的木匠，而这位木匠当时正受雇于著名物理学家、爱丁堡大学自然哲学教授约翰·罗比逊（John Robison, 1739—1805），做罗比逊的实验助理。老木匠是位有文化、爱读书的人，他虽然对数学一窍不通，但整天和物理学家在一起，耳濡目染，不免对科学怀有一份崇敬之心；并常常因与自然哲学大教授为伍而自豪。他很喜欢华里司这个年轻人，在知道华里司酷爱数学之后，他提出要把他引荐给罗比逊。起先，华里司婉言谢绝了。但不久，华里司学徒期满，老木匠再次劝他去找那位罗教授，并给他写好了推荐信。犹豫一阵之后，华里司终于鼓起勇气去了爱丁堡大学，找到了罗比逊教授。教授热情接待了他，并考查了他对几何（包括圆锥曲线）的掌握程度，询问了他的生活状况以及在数学上取得这么大进步的前因后果。罗比逊婉言告诫：搞数学研究不可能给这个世界带来什么益处。华里司妙语回答：人活着既然注定要含辛茹苦，他希望用求知的快乐给人生的酒杯加点糖。[1]会谈结束时，罗比逊邀请华里司来听即将开始的自然哲学课。

图 4-6 罗比逊

现在，华里司作为一名熟练装订工，继续受雇于装订商。因去爱丁堡大学听课而耽误的工作时间，他只能用休息和睡眠时间来弥补。华里司后来说，如果有人问他一生中什么时候最快乐，他会回答，在听自然哲学课的时候。因为，这是他第一次置身于同样渴求知识的年轻人中间，享受专业物理学家高水平的演讲。不久，罗比逊把华里司引荐给他的同事、著名数学家、数学教授普雷费尔[2]（J. Playfair, 1748—1819），普雷费尔对华里司的数学才能十分赏识，也邀请他去听数学课。尽管华里司根本没有条件一天听两门课，因而忍痛割爱，但普雷费尔仍一如既往地关心和帮助他，为他制订阅读计划，提供数学书籍，华里司得以系统地学习数学，进

---

1 汪晓勤，陈慧．华里司：自学成才的数学家、欧洲大陆微积分的早期传播者．自然辩证法通讯，2010, **32** (6): 97-105.

2 1805年，罗比逊去世后，普雷费尔接替他任自然哲学教授，而数学教授则由数学家和物理学家莱斯利（J. Leslie, 1766—1832）接任。

图 4-7 普雷费尔

步更快了。

由于未能听普雷费尔的数学课，华里司对自己的书籍装订工作越来越不满意了。为了争取更多的学习时间，他最终辞去了工作，转而到一家印刷厂担任仓库管理员。18 世纪末，尽管欧洲的印刷术发展很快，但印后装订仍离不开手工：书页印出后，工人依次将书页堆放成一圈；然后按顺序在每一堆上取一页叠放好，最后装订成册。华里司在印刷厂做的是装订之前的那道工序。在枯燥的重复劳动过程中，华里司总不忘学习，他在墙上贴满了拉丁词汇表，每次经过，都要记上一个。后来，他在拉丁文学习上又得到一名学生的帮助。华里司在印刷厂工作期间，罗比逊来看他。一位酷爱数学、风华正茂、出类拔萃、潜力巨大的年轻人为了生计，竟从事着一份谁都能胜任的手工劳动，显然，恩师对此深感惋惜。他建议华里司放弃工作，给自己的一名学生做家庭教师，教他几何。

在印刷厂工作数月后，华里司又换了一份工作，受雇于爱丁堡的一位大书商，成了书店的一名店员。他的境况有了很大的好转，他拥有更多属于自己的时间，既博览群书，又做自己喜爱的数学研究，晚上还教教数学。他还开始学习法语，逐渐熟悉大陆数学家的著作。

1793 年，25 岁的华里司为了数学，下定决心放弃了工作，以做家教为生。他终于如愿以偿，可以自由地去爱丁堡大学听普雷费尔的数学课了。但普雷费尔的课是给数学远逊于华里司的大学生开设的，华里司从中已经学不到多少新知识；不过，普雷费尔的高雅、雄辩、博学和循循善诱对他产生了深刻的影响。他还听了一门化学课，勤奋地弥补早年教育的不足。

1794 年，经普雷费尔的举荐，华里司成了珀斯学院的数学助教。同年，他结了婚。尽管薪水很低，但生活安定，且有充裕的时间研究数学。每逢假期，他便回到爱丁堡，和昔日恩师以及科学界的新朋友相聚。此时的华里司已经成名，跻身苏格兰数学界。在珀斯学院期间，他当选为爱丁堡物理学研究院通讯院士；该研究院汇聚着一批精英分子，不少人日后成为文学、哲学、公共事物等领域的著名人物。无疑，他们对华里司也产生了一定的影响。

1803 年，华里司收到一封署名信，信中说，位于白金汉郡大马洛镇（今马洛镇）的皇家军事学院（初等部）空缺一名数学讲师；如果他愿意，就立即提出申请。华里司欣然前往应聘。在众多竞争者中，面试官选择了他。从此，华里司在这个英格兰南部宁静而美丽的小镇上度过了近十年时光。随着三个女儿和一个儿子的相继降生，原本清贫的华里司，其经济负担日益加重。由于自己早年未能受到正规的学校教育，他特别重视自己孩子们的教育，把他们一个个送到爱丁堡上学，这无疑使他捉襟见肘、入不敷出。增加经济收入成了华里司给《大英百科全书》和布鲁斯特（D. Brewster, 1781—1868）主编的《爱丁堡百科全书》撰稿的主要动机之一。在 1822 年 7 月 10 日写给布鲁厄姆（H. Brougham, 1778—1868）一封信中，华里司写道："我丝毫不能为将来挣一点生活费……我不得不利用休息时间刻苦研究，为百科全书写作，以养育全家。"

1819 年，普雷费尔教授去世，自然哲学教授由莱斯利接任，因而莱斯利原来所任的数学教授职位空缺出来。华里司提出了申请。他遇到了竞争对手哈登（R. Haldane, 1772—1854），这位对手虽在数学上名不见经传，但身为牧师，在教会里享有很高威望，受到爱丁堡政界的强烈支持。尽管如此，拥有普雷费尔等众多名家的推荐信、并得到前任教授莱斯利支持的华里司，最终仍因数学上的绝对优势而在爱丁堡市政会赢得了 18 票，哈登只得了 10 票。教会和党派左右大学教授遴选的事终于没有发生。从第一次见到罗比逊教授的那一天起，华里司就梦想着有朝一日成为苏格兰某所大学的教授了。这样的梦想，在他任教于珀斯学院和皇家军事学院长达四分之一世纪的漫长岁月里，一直伴随着他。而今，华里司梦想成真，登上了人生之巅峰。

4.4 负负得正

众所周知，负数概念最早出现在中国。由于在解方程组的消元过程中出现了“不够减”的情形，《九章算术》方程章给出正负数加减运算法则——“正负术”。但乘除法则直到 13 世纪末才由数学家朱世杰给出。在《算学启蒙》（1299）中，朱世杰提出：“明乘除法，同名相乘得正，异名相乘得负。”

公元 7 世纪，印度数学家婆罗摩笈多（Brahmagupta, 598—670）已有明确的正负数概念及其四则运算法则：“正负相乘得负，两负数相乘得正，两正数相乘得正。”12 世纪印度数学家婆什迦罗（Bhaskara, 1114—1185？）称：方程 $x^2-45x=250$ 有两个根：$x=50$ 或 -5。但他说：“第二个根并不用，因为它是不足的。人们并不支持负根。”印度人以直线上的不同方向，或“财产”与“债务”来解释正、负数。

然而，古希腊数学家对负数一无所知，被誉为“代数学鼻祖”的 3

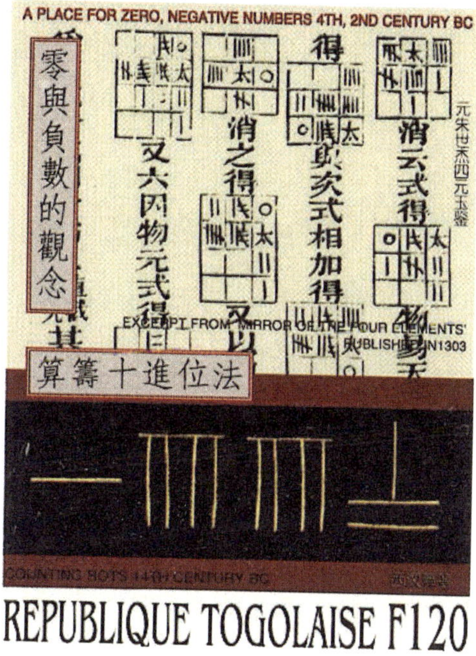

图 4-8　负数——《四元玉鉴》(多哥，1997)

世纪数学家丢番图（Diophantus）在其《算术》中称方程 $4x+20=4$ 是没有意义的。

在欧洲，意大利数学家斐波那契在《花朵》(1225) 中称：方程 $x+36=33$ 无解，除非第一个人（x）欠债 3 个钱币。斐波那契在《计算之书》(1202) 中用到过“负负得正”，但仅将其用于求 $(a-b)(c-d)$。意大利数学家帕西沃里在《算术、几何、比例与比例性概论》(1494) 中提出“负负得正”，但与斐波那契一样，仅仅局限于 $(a-b)(c-d)$。纯粹的“负数”在其著作中并未出现，也就是说，在帕西沃里那个时代，人们只知道 $a-b$，并不知道 $a+(-b)$。

奥地利–德国代数学家鲁道夫（Christoff Rudolf, 1499—1545）尽管使用了“+”和“−”符号，但只知道正数和正根。德国数学家斯蒂菲

图 4-9 帕西沃里（斯里兰卡，1984）

尔（M. Stifel, 1487—1567）在《整数算术》中称从零中减去一个大于零的数 (如 0 — 3) 得到的数“小于一无所有”,是“荒谬的数”[1]。意大利数学家卡丹在其《大术》中虽然承认方程的负根，并给出简单的加减法则,但他把正数称作“真数”,而把负数称作“假数”[2]。尽管这个时期的意大利数学家邦贝利、荷兰数学家吉拉尔等承认负数，但负数概念远未被普遍接受。法国数学家韦达（F. Viète, 1540—1603）只接受方程的正根。帕斯卡（B. Pascal, 1623—1662）则认为：从 0 减去 4 纯属无稽之谈[3]！

---

1 Cajori F. *A History of Elementary Mathematics*. New York: The Macmillan Company, 1917.
2 Smith D E. *History of Mathematics* (Vol.II). Boston: Ginn & Company, 1923.
3 Kline M. *Mathematics: The Loss of Certainty*. Oxford: Oxford University Press, 1980: 115.

图 4-10　帕斯卡（法国，1962）

最早全面解释和系统使用负数的是笛卡儿，但他仍称之为“假数”。17 世纪英国数学家约翰·沃利斯（John Wallis, 1616—1703）在他的《无穷算术》中这样认为：“$\frac{a}{0}$（$a>0$）是无穷大，那么当分母变为负数 b 时，$\frac{a}{b}$（$a>0, b<0$）应该比 $\frac{a}{0}$（$a>0$）大。因为分数的分母变小了，分数值就会变大。$\frac{a}{b}$ 是一个负数，这说明负数大于无穷大，而从负数的定义可知，负数是小于 0 的。由此，负数既大于无穷大又小于 0。我们知道，这样的数一定是不存在的。”[1] 显然，沃利斯并未理解负数概念。

直到 18 世纪，还有一些西方数学家不理解“小于一无所有”的数，并认为“负负得正”这一运算法则是个谬论。英国律师、历史学家、数学家马塞雷（F. Maseres, 1731—1824）一直对负数持否定的态度，他于 1759 年出版《论代数中负号的使用》一书，书中写道：

如果任何单个的量被标上＋号或－号而不影响别的量，那么

1　Kline M. *Mathematics: The Loss of Certainty*. Oxford: Oxford University Press, 1980: 116.

理”，“只有那些喜欢人云亦云、厌恶严肃思维的人才会十分卖力地支持这种数的使用”[1]。

美国诗人奥登（W. H. Auden, 1907—1973）曾武断地说：“负负得正，其理由我们无须解释！”[2] 奥登的话暗示我们：许许多多人在徒劳地寻求“负负得正”的理由。事实的确如此。法布尔在学代数时，“负负得正”这个“悖论”就让他尝到了苦头。事实上，自从负数概念进入数学课本以来，人们就没有停止过对“负负得正”合理性的质疑。“负负得正”成了一个教学难点。大数学家克莱因（F. Klein, 1849—1925）曾对负数的教学提出忠告：不要试图地去证明记号法则的逻辑必要性，“别把不可能的证明讲得似乎成立”。

图 4-13 司汤达（法国，1942）

19 世纪法国著名作家司汤达（Stendhal, 1783—1843）小时候很喜爱数学，用他自己的话说，数学是他的“至爱”。但当老师教到“负负得正”这个运算法则时，他一点都不理解。他希望有人能对负负得正的缘由作出解释。可是，他所请教的人都不能为他释此疑问，而且，司汤达发现，他们自己对此也不甚了了。

司汤达的数学补习老师夏贝尔（Chabert）先生在司汤达的追问之下感到十分尴尬，不断重复课程内容，

---

1 Frend W. *The Principles of Algebra*. London: Davis J, 1796: x–xi.

2 Crowley M L, Dunn K A. On multiplying negative numbers. *Mathematics Teacher*, 1985, **78**: 252–256.

说什么负数如同欠债，而那正是司汤达的疑问所在："一个人该怎样把 10000 法郎的债务与 500 法郎的债务乘起来，才能得到 5000000 法郎的收入呢？"最终，夏贝尔先生只得搬出大数学家欧拉和拉格朗日来：

> 这是惯用格式，大家都这么认为，连欧拉和拉格朗日都认为此说有理，我们知道你很聪明，但你也别标新立异嘛。[1]

其实，欧拉对等式 $(-1)\times(-1)=1$ 是作过"证明"的。他的思路是这样的：$(-1)\times(-1)$ 要么等于 1 要么等于 -1；但通过证明，$(-1)\times(1)=-1$，所以 $(-1)\times(-1)=1$。可想而知，就算是夏贝尔搬出欧拉的证明，依然于事无补。

司汤达所就读的格勒诺布尔中心学校的数学教师迪皮伊（Dupuy）先生对于司汤达的提问，"只是不屑一顾地莞尔一笑"；而靠死记硬背学数学的一位高材生则对于司汤达的疑问"嗤之以鼻"。

可怜的司汤达被"负负得正"困扰了很久，最后，在万般无奈之下只好接受了它。他一直将数学视为"放之四海而皆准的真理"，认为数学可用来"求证世间万物"，可是，"负负得正"动摇了他对于数学与数学教师的信心：

> 究竟是迪皮伊先生和夏贝尔先生在骗我呢（就像到我外公家来做弥撒的那些神甫一样），还是数学本身就是一场骗局呢？我弄不清楚。哎！那时我多么迫切希望有人能给我讲讲逻辑学或是寻找真理的方法啊！我渴望学习德·特拉西先生的《逻辑》！如果当时我能如愿以偿，也许今天我就不是现在的我了，我会比现在聪明得多。

---

1 斯丹达尔 . 斯丹达尔自传 . 周光怡，译 . 南京：江苏文艺出版社，1998: 231–232.

当时我得出的结论是：迪皮伊先生很可能是个迷惑人的骗子；夏贝尔先生只是个追慕虚荣的小市民，他根本提不出什么问题。[1]

无独有偶，“负负得正”这个法则也让露丝·迈克奈尔（Ruth McNeill）放弃了数学转而去学德语[2]。可想而知，历史上也不知有多少像司汤达这样聪明的孩子对数学老师甚至数学本身感到失望。

司汤达学数学的故事也是启示我们，数学教师确实需要正视学生所提的各种“为什么”。美国著名数学史家和数学教育家 M. 克莱因认为，“如果记住现实意义，那么负数运算以及负数和正数混合运算是很容易理解的。”他解决了曾经困扰司汤达的“两次负债相乘，结果为收入”的问题[3]：一人每天欠债 5 美元。给定日期（0 美元）3 天后欠债 15 美元。如果将 5 美元的债记成 -5，那么每天欠债 5 美元，欠债 3 天，可以用数学来表达：$3\times(-5)=-15$。同样，一人每天欠债 5 美元，那么给定日期（0 美元）3 天前，他的财产比给定日期的财产多 15 美元。如果我们用 -3 表示 3 天前，用 -5 表示每

图 4-14 M. 克莱因

1 斯丹达尔 . 斯丹达尔自传 . 周光怡，译 . 南京：江苏文艺出版社，1998: 232-233.

2 McNeill R. A reflection on when I loved math and how I stopped. *Journal of Mathematical Behavior,* 1988, 7: 45-50.

3 Boulet G. On the essence of multiplication. *For the Learning of Mathematics*, 1998, **18** (3): 12-18.

天欠债，那么 3 天前他的经济情况可表示为 $(-3)\times(-5)=+15$。

苏联著名数学家盖尔范德（I. Gelfand, 1913—2009）则作了另一种解释[1]：

$3\times5=15$：得到 5 美元 3 次，即得到 15 美元；

$3\times(-5)=-15$：付 5 美元罚金 3 次，即付罚金 15 美元；

$(-3)\times5=-15$：没有得到 5 美元 3 次，即没有得到 15 美元；

$(-3)\times(-5)=+15$：未付 5 美元罚金 3 次，即得到 15 元。

如果司汤达生活在 20 世纪，遇见良师如 M. 克莱因和盖尔范德，那么，他对数学的信赖、推崇和热爱一定会保持终生。

4.5　字母代数

英国幽默作家杰罗姆（J. K. Jerome, 1859—1927）《懒人懒办法》一书中有这样一段文字：

> 十二世纪的青年堕入情网，你可别指望他会后退三步，凝视情人的眼睛，然后告诉他：你太美了，美得简直不像活人。他会说他要到外边去看看。倘若正好碰上那么一位仁兄，并打破他的脑袋——我指的是另外那个家伙的脑袋，这就说明他——前一个人的情人是个漂亮姑娘。但要是另一个家伙打破他的头——不是他自己的，这你知道，而是另一个家伙的——另一个家伙是对第二个家伙而言的，这就是说，因为事实上另一个家伙仅仅对于他来说是另一个家伙，而不是第一个家伙——好了，如果他的头被打破，那么他的女孩——不是另一个家伙的，而这个家伙——你瞧，如果 A 打破了 B 的头，那么 A 的情人就是一个漂亮女孩；反

1　萨巴 卡尔．黎曼博士的零点．汪晓勤，等，译．上海：上海教育出版社，2008.

> 之，如果 B 打破了 A 的头，那么 A 的情人就不是个漂亮女孩，而 B 的情人才是。[1]

M. 克莱因说，尽管这段话与数学没有直接关系，但恰好说明了数学语言的简洁性。

“用字母表示数”，这在今天学过代数的人看来乃是一件稀松平常的事情，当年，中国第一部符号代数教材《代数术》的翻译者李善兰和伟烈亚力所创“代数”一词，正是取“用字母代替数”之义。但是，如果我们追溯代数学的历史，就不能不感到惊讶：用字母表示数的历史竟是如此的漫长。M. 克莱因在批判“新数运动”时曾指出：“从古代埃及人和巴比伦人开始直到韦达和笛卡儿之前，没有一个数学家能意识到字母可用来代表一类数[2]。”

在代数学发展的早期，人们完全用文字来表达一个代数问题的解法，就如杰罗姆一开头的表述一样，人们把这样的代数称作修辞代数。

由于不会用字母表示数，古希腊数学家都无法表达“任意多个数”，不会用字母来表达奇数、偶数和其他数。被誉为“代数学鼻祖”的丢番图在其《算术》中首次用字母“ς”来表示未知数，这使得丢番图成为缩略代数最早的作者。但丢番图并不知道用字母来表示任一个数。

印度数学家婆罗摩笈多及后来的婆什迦罗等都用梵文颜色名的首音节来表示未知数，但他们无法用字母来表达数列的“任意多项”以及一般项，只能取特殊的项数，通项公式和求和公式均以文字来表述。

---

1 Jerome J K. *Idle Thoughts of An Idle Fellow.* http://www.literaturepage.com/read/idlethoughts-8.

2 Kline M. Logic versus pedagogy. *American Mathematical Monthly*, 1970, **77** (3): 264–282.

中国宋元时期的“天元术”最多也只能归入“缩略代数”的范畴。宋元数学家用“天元”来表示未知数，我们今天的“一元一次方程”“一元二次方程”“二元一次方程组”中的“元”指的就是未知数。在天元术中，多项式是通过系数的纵向有序排列来表达的，只在一次项系数的右边标一“元”字，或只在常数项右边标一“太”字。如

即表示多项式 $x^2+32x+256$。

数学的历史并非如我们想象的那么一帆风顺、直线式发展。即使在今天，我们也难免会有“今不如昔”的感叹，更何况在古代，由于信息渠道的闭塞，数学思想的传播是极受限制的。无论如何，在用字母表示数这件事上，丢番图之后一千多年间，欧洲人非但没有进步，反而倒退回古巴比伦祭司的水平。

中世纪阿拉伯数学家也不会用字母来表示数。尽管他们在数列求和方面取得令人瞩目的成就，但他们不会表达数列通项以及“任意多项”，他们只能通过具体的若干项（如 5 项、10 项等）来说明求和的方法。尽管“代数学”的西方名称源于花拉子米（Al-Khwarizmi, 780?—850?）的著作，但花拉子米却只能用“1 平方与 10 根等于 39 单位”这样的语言来表达一元二次方程 $x^2+10x=39$。

13 世纪初，斐波那契在《计算之书》中依然没有用字母来表示数。16 世纪，意大利数学家尽管在三次和四次方程的求解上取得突破，但他们仍未能享受到字母表示数的便利。塔塔格里亚为了不让自己遗忘所发现的三次方程求根公式，咬文嚼字，自编长诗，真可谓惨淡经营，

费尽心机[1]：

立方共诸物，其和定在先，此物有几何？双数破难关。

相减如定和，互乘有巧算，物数一分三，立方记心间。

差积在手头，双数已了然，复求立方根，相减是答案。

诸物加定数，立方独一边，请君莫急躁，听我道箴言。

定和拆双数，物数一分三，双数相乘时，立方定如前。

既知和与积，双数囊中探，相并立方根，彼物赫然见。

立方加定数，诸物列成单，定数化为负，方法全照搬。

一五三四年，水城勤钻研，诸物为我求，基础牢且坚。

诗中，“立方共诸物，其和定在先”说的是一元三次方程 $x^3+px=q$ $(p>0, q>0)$；“诸物加定数，立方独一边”说的是一元三次方程 $x^3=px+q$ $(p>0, q>0)$，而“立方加定数，诸物列成单”说的是一元三次方程 $x^3+q=px$ $(p>0, q>0)$。远离字母的代数，是多么不容易！

独上高楼，望尽天涯路。韦达在《分析引论》(1591) 中使用字母来表示未知数以及已知数，终于实现了历史的突破。

韦达年轻时学习法律，后当过律师和议员，但他热爱数学。研究数学时，常常三天三夜足不出户，其勤奋如此。法西战争期间，西班牙人的军事密函被法国军队截获，被送往宫廷。结果，韦达成功将其破译，使得西班牙军队的作战计划暴露无遗。蒙在鼓里的西班牙人还以为法国人秘密使用了巫术，将法国人告上了罗马教廷。

有一次，荷兰驻法国大使对亨利四世（Henri de Navarre）说，法国没有一位数学家能够解决由比利时数学家罗曼努斯（A. Romanus,

---

1 汪晓勤，郭学萍．三次方程求根公式之诞生．科学，2001, **53** (2): 55–58.

1561—1615）提出的 45 次方程。亨利四世召见韦达，命他解此方程，韦达用三角学中的 45 倍角正弦公式解决了难题，为法国赢得了荣誉。

图 4-15　韦达

在《分析引论》中，韦达如是说："本书将辅以某种技巧，通过符号来区分未知量和已知量：用 A 或其他元音字母 I，O，V，Y 等来表示所求量，用 B，G，D 或其他辅音字母来表示已知量，始终如一，一目了然。"[1] 韦达将这种新的代数称为"类的算术"（logistica speciosa），以别于旧的"数的算术"（logistica numerosa）。韦达将我们今天的 $a^2+2ab+b^2=(a+b)^2$ 写成"*A* quadratum + *A* in *B* bis + *B* quadrato, æqualia *A* + *B* quadrato"；将我们今天的 $x^3+3bx=2c$ 写成"*A* cubus + *B* plano 3 in *A*, æqualia *Z* solido 2"。

一旦用字母来表示任何数，韦达笔下的代数恒等式便层出不穷：

$A^2+2AB+B^2=(A+B)^2$，

$A^3+3A^2B+3AB^2+B^3=(A+B)^3$，

$(A+B)^2+(A-B)^2=2(A^2+B^2)$，

$(A+B)^2-(A-B)^2=4AB$，

$(A+B)(A-B)=A^2-B^2$，

1　Viète F. *Opera Mathematica*. Lugduni Batavorum: Officina Bonaventurae & Abrahami Elzevioiorum, 1646.

$$(A+B)^3+(A-B)^3=2A^3+6AB^2,$$

$$(A+B)^3-(A-B)^3=6A^2B+2B^3,$$

$$(A-B)(A^2+AB+B^2)=A^3-B^3,$$

$$(A+B)(A^2-AB+B^2)=A^3+B^3,$$

……………………………………………

字母表示任意数后，代数学告别了旧时代，插上了新翅膀，在人类文明的天空自由地飞翔起来。

话说 18 世纪法国哲学家狄德罗（D. Diderot, 1713—1784）受俄国女皇叶卡捷琳娜二世（Catherine II , 1729—1796）之邀，访问俄国。来到俄国后，狄德罗在公共场合毫无顾忌地宣扬无神论，引起宫廷里一些老臣们的强烈反感。他们建议女王将狄德罗打发回国，但女王认为，狄德罗是自己请来的客人，又怎么好意思出尔反尔，将他赶走？于是老臣们献计，让皇家科学院数学家、笃信上帝的欧拉出马，赶走狄德罗。于是，狄德罗被通知在宫廷参加一场上帝是否存在的辩论。狄德罗欣然同意。

图 4-16 狄德罗（法国，1984）

狄德罗来到宫廷，现场早已人头攒动。这时，右眼失明的欧拉出场了。欧拉先发制人：“先生！因为 $\frac{a+b^n}{n}=x$，所以上帝存在。请回答！”对代数一窍不通的狄德罗被欧拉那个等式镇住了，面红耳赤，一句话也说不出，悻悻离开了宫廷，身后爆发出一阵哄笑声。就这样，狄德罗离开了俄国。

其实，欧拉所说的那个等式毫无意义，若狄德罗知道字母表示数的含义，定不会遭此奇耻大辱。

4.6　数学轶事

说起政治家与数学的关系，我们立即会想起这样的故事：古希腊托勒密王向数学家欧几里得请教学习几何的捷径，欧几里得以“几何无王者之道”作答。

法国著名军事家和政治家拿破仑（Napoleon Bonaparte, 1769—1821）早在布列纳读书时就喜爱数学，数学成绩十分优异。15 岁时，拿破仑参加了巴黎军校的面试。他的面试官就是著名数学家拉普拉斯（P. -S. Laplace, 1749—1827）。拉普拉斯发现，除了数学以外，拿破仑在其他科目上成绩平平，尤其是拉丁文最弱。但由于数学成绩特别突出，他还是被录取了。仅仅一年之后，他便成了皇家炮兵少尉。

图 4-17　拉普拉斯（法国，1955）

意大利诗人、数学家马谢罗尼（L. Mascheroni, 1750—1800）在《圆规几何学》中证明：任何用尺规解决的作图问题仅用圆规也能解决。拿破仑很喜欢此书，据说还解决了书中的一个作图问题。自意大利凯旋后，他参加了一个学术会议，会上他向两位数学家拉普拉斯和拉格朗日（J. L. Lagrange, 1736—

图 4-18　拉格朗日（法国，1958）

1813）介绍自己的作图法。据说，拉普拉斯对拿破仑如是说："将军，从你这里一切皆可期待，但唯独没想到数学课。"[1] 拿破仑最喜欢的圆规作图问题是：

（1）将已知圆四等分（问题研究 [4-7]）；

（2）找出已知圆的圆心（问题研究 [4-8]）。

拿破仑最喜爱的数学科目是几何。通过研究，他得到一个神奇的几何命题：在任一三角形三边上向形外作正三角形，三个正三角形的重心的连线构成正三角形。这个正三角形今天被称为"拿破仑三角形"（参阅问题研究 [4-6]）。

戎马倥偬，拿破仑随身携带的读物中竟有对数书。他说："数学的发展完善与一个国家的繁荣富强息息相关！"[2] 没有什么比这更能说明他对数学的重视程度了。

远征埃及的法国舰队运载的不仅仅是大炮和士兵，还有拿破仑精心挑选出来的 175 名学者，有天文学家、数学家、矿物学家、化学家、文物收藏家、桥梁专家、修路工程师、东方学家、画家和诗人。蒙日（G. Monge，1746—1818）和傅里叶（J. B. J. Fourier，1768—1830）就

1　Maynard J. Napoleon's Waterloo wasn't mathematics. *Mathematics Teacher*, 1989, **82** (11): 648-654.

2　同上 .

图 4–19　拿破仑（上沃尔特，1969）

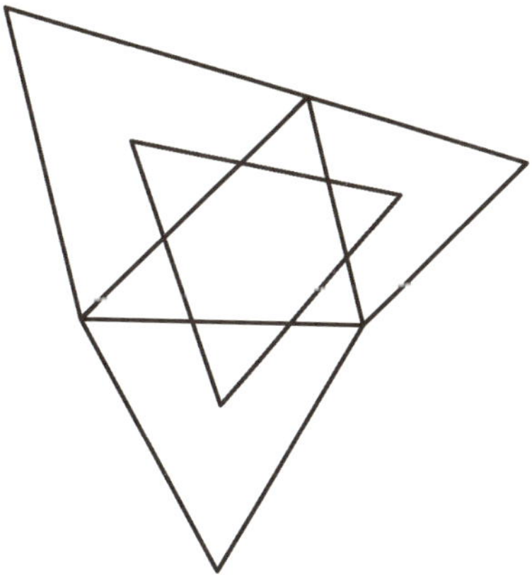

图 4–20　拿破仑三角形

图 4–21　蒙日（法国，1990）

图 4–22　拿破仑与蒙日（圣马力诺，1982）

是其中的数学家。著名传记作家路德维希（E. Ludwig）为我们描述了征途中的那些夜晚：

> 用过餐后，他爱召开“法兰西学院”会议……他出一个题目叫大伙儿讨论，而且选出最优秀的人物发表议论。数学和宗教是他在这种场合爱出的题目，他始终都是一个计算者和梦想家。著名人士蒙日静静地坐在那儿，他长着一个鹰钩鼻子，额头往后斜，宽大的下巴颏。很多年来拿破仑始终佩服他，对于他的评判超出别的任何一个人。[1]

早在公元前 4 世纪，柏拉图就强调了几何学在训练人的心智方面的重要作用，后来，逻辑思维能力的培养成了数学教育的主要目标。欧几里得所著的《几何原本》（原十三卷，后人补充了两卷，共十五卷）是数学史上第一部用公理化方法建立逻辑演绎体系的数学著作，其流传之广仅次于《圣经》。此书对数学发展的影响人所共知，在西方数学教育史上占有特殊的地位。数千年来，不知有多少学习者通过此书的学习，得到逻辑思维能力的训练，在各自的事业上取得杰出成就。

美国总统林肯（A. Lincoln）就是其中之一，他把《几何原本》看作自己所接受的教育中不可分割的一部分。1860 年在林肯竞选总统的简历中有这么一段介绍：

> 自任国会议员以来，他学习并几乎精通了《几何原本》前六卷。他开始学习这门严密的学科，为的是提高他的能力，特别是逻辑和语言的能力。因此他酷爱《几何原本》，每次巡行，总是随身携带

1 路德维希 埃米尔 . 拿破仑（上）. 钱质嫡，译 . 沈阳：万卷出版公司，2009: 79.

它；直到能够轻而易举地证明前六卷中的所有命题为止。他常常学到深更半夜，枕边烛光摇曳，而同事们的鼾声却已此起彼伏、不绝于耳。[1]

图 4-23　林肯（美国，1984）

不只是林肯与数学结下不解之缘。在他之前，第三任总统托马斯·杰弗逊（Thomas Jefferson, 1743—1826）也是数学的爱好者。后来的美国民主党政治家克拉克（C. Clark,1850—1920）告诉我们：数学是杰弗逊永久的爱好，他习惯于随身携带一本袖珍的对数书，作为计算的辅助工具。1819 年，杰弗逊在致友人的信中这样写道："我要做的事情是通过阅读古典和数学真理带来的快乐以及可靠的哲学所带来的慰藉，来度过日渐衰弱的生命中的无聊时光：既没有希望，也没有恐惧。"[2]

图 4-24　杰弗逊（美国，1968）

1881 年当选美国总统的加菲尔德（J. A. Garfield, 1831—1881）早在

1　Priestley W M. *Calculus: An Historical Approach*. New York: Springer-Verlag, 1979: 39.
2　Smith D E. Thomas Jefferson and mathematics. *Scripta Mathematica*, 1932, **1**: 3–14.

1876 年［这一年贝尔（A. Bell）发明了电话］给出了勾股定理的一种十分漂亮的证明[1]：如图 4–25 所示，一方面，直角梯形面积等于$\frac{1}{2}(a+b)\times(a+b)=\frac{1}{2}(a+b)^2$；另一方面，它又是由两个同样的直角三角形和一个等腰直角三角形所组成，面积和为$\frac{1}{2}ab+\frac{1}{2}ab+\frac{1}{2}c^2=ab+\frac{1}{2}c^2$，于是有

$$\frac{1}{2}(a+b)^2=ab+\frac{1}{2}c^2$$

从而证得勾股定理。这实际上与图 4–26 的证明是等价的，即 $(a+b)^2=c^2+2ab$。

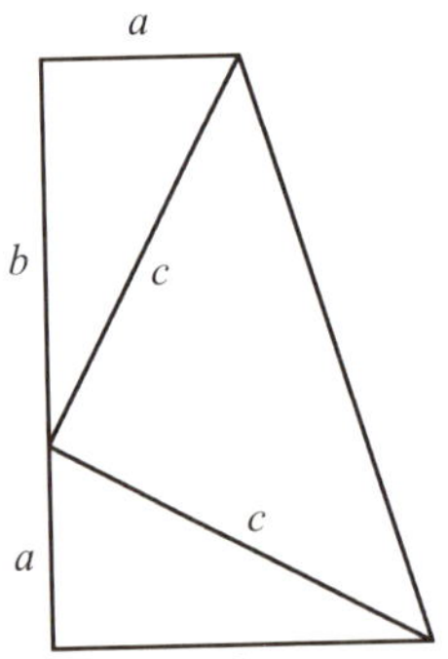

图 4–25　加菲尔德的证明

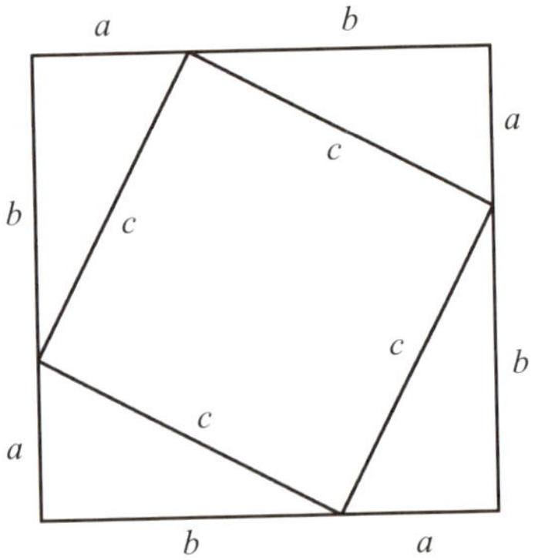

图 4–26　等价的证明

我们知道，洛林十字架是二战期间戴高乐（Charles De Gaulle, 1890—1970）将军领导的自由法国运动的标志，是法兰西民族不屈不挠、争取独立自由的精神象征，又称为双十字架、戴高乐十字架。与

1　Graham M. President Garfield and the Pythagorean theorem. *Mathematics Teacher*, 1976, **69** (12): 686–687.

这个十字架有关的一个有趣的问题也出自戴高乐，并因此在西方世界广为人知。如图 4–28，洛林十字架由 13 个单位正方形组成，问：过点 A 如何作出一条直线，将十字架分为面积相等的两部分？

图 4–27　加菲尔德（美国，1938）

假设 MN 已经作出。设 $MB=x$，则 $FN=\frac{1}{x}$。因整个十字架的面积为 13，故一半面积为 $6\frac{1}{2}$，于是得直角三角形 ABM 和 AFN 的面积之和为 $1\frac{1}{2}$，即$x+\frac{1}{x}=3$，解此方程得

$$x=\frac{3-\sqrt{5}}{2}（另一个根大于 1，舍去）$$

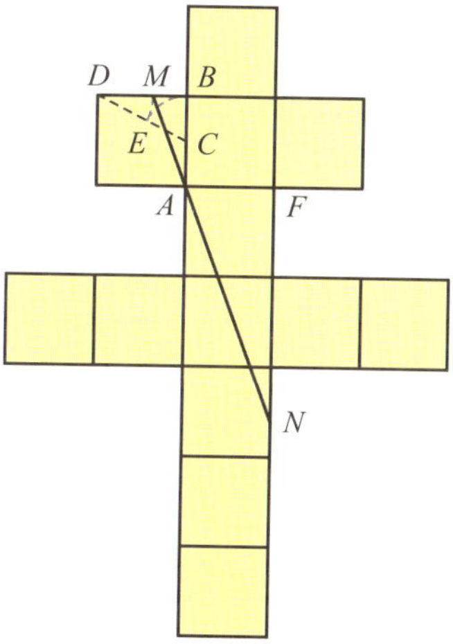

图 4–28　洛林十字架问题

故得 $DM=\frac{\sqrt{5}-1}{2}$。我们很惊讶地发现，点 M 正是线段 BD 的黄金分割点！因此，只要利用尺规作出 BD 的黄金分割点 M，连接 MA 并延长，交边线于 N，即得洛林十字架的二等分线 MN。

图 4-29　戴高乐与洛林十字架（喀麦隆，1970）

4.7　陈年佳酿

萨顿曾经为我们讲述了三件轶事。第一件是，17 世纪法国古典学者、中世纪拉丁语和希腊语辞典的编写者迪康热（C. du Cange, 1610—1688）平时每天工作 14 小时，即使在结婚纪念日还要工作六七小时。第二件是，17 世纪瑞士数学家雅各·伯努利收到了他儿子的老师皮克泰（B. Pictet, 1655—1724）先生的一封信，信中说:“先生，你的儿

图 4-30　迪康热

子是一个普普通通的学生，我始终未能使他每天工作超过 13 个小时；不幸的是，他的榜样被仿效；年轻人不肯理解，要成为有用的学者，他们的灯必须点燃在工匠的灯之前。”[1] 第三件是，19 世纪英国著名考古学家弗雷泽爵士（J. G. Frazer, 1854—1941）在大三（剑桥大学三一学院）的时候因上一个学期只读了 57 部希腊和拉丁著作而写信向导师致歉！

图 4-31　弗雷泽

在数学的历史上从来不乏勤奋执着的先驱者。古希腊哲学家阿那克萨戈拉（Anaxagoras, 前 499—前 428）放弃财产、追求真理、身陷

图 4-32　阿那克萨戈拉

1　萨顿 . 科学的历史研究 . 刘兵，等，编译 . 上海：上海交通大学出版社，2007: 59-60.

图圄、铁窗下仍在研究数学问题。他发出了“人生之意义在于研究日、月、天”的豪言壮语。16 世纪法国数学家拉缪斯（P. Ramus, 1515—1572）少时家贫，祖父是烧炭的，父亲是个卑微的农夫。12 岁时，拉缪斯作为一位富家子弟的仆人进入巴黎大学的纳瓦尔（Navarre）学院，白天伺候主人，黑夜挑灯苦学，9 年后竟获硕士学位。他的硕士论文是《亚里士多德所说的一切都是错的》！

16 世纪英国数学家约翰 · 第（J. Dee, 1527—1609）每天只花 4 小时睡觉和 2 小时吃饭做礼拜，而另外 18 小时都用于学习和研究[1]。

图 4-33 拉缪斯

图 4-34 约翰 · 第

18 世纪法国数学史家蒙蒂克拉（J. E. Montucla, 1725—1799）在他的《数学史》中讲述了古希腊大数学家阿基米德的故事：公元前 212 年，阿基米德的家乡叙拉古被罗马人攻陷。当时，阿基米德仍在专心致志地研究一个几何问题，丝毫不知死神的临近。当一个罗马士兵走近他时，阿基米德让他走开，不要踩坏了他的图形，罗马小卒残忍地

1 Smith D E. *History of Mathematics* (Vol. I) . Boston: Ginn and Company, 1923: 309–323.

用刺刀杀害了他。

图 4-35　热尔曼

18 世纪法国著名女数学家索菲·热尔曼（Sophie Germain, 1776—1831）生活在对女性充满偏见的时代。人们认为，女性并不适合从事科学研究工作，当时有解剖学家甚至声称：女性的大脑结构较男性简单。在这样的时代，绝大多数女性失去了接受高等教育的机会。彷徨之中的索菲偶然在父亲的书房里发现蒙蒂克拉的《数学史》，读到了阿基米德的故事，深感数学是世界上最有魅力的学科，于是下定决心学习数学。为了阻止她，父亲没收了她的蜡烛和取暖的工具，但是，在墨水结冰的漫漫冬夜，索菲点起偷偷藏着的蜡烛，身上裹着毯子，依然故我，勤学不怠！19 世纪法国数学史家泰尔凯（O. Terquem, 1782—1862）为我们描述了索菲年轻时的学习经历：

图 4-36　阿基米德（希腊，采自文艺复兴时期的马赛克，1983）

在极度痛苦之中，这位年轻的先知在抽象世界中寻求解脱。她浏览蒙蒂克拉的《数学史》，研究裴蜀（E. Bézout, 1730—1783）的著

图 4-37　阿基米德遇刺（加蓬，2010，阿基米德和罗马士兵形象采自 19 世纪版画）

作，甚至在 1793 年血腥的农神节期间，她也闭门不出。她整天沉浸于对勒让德和居森（J. Cousin，1739—1800）著作中的数论和微积分的思索，成了隐居者。她进步神速。1801 年，她伪托巴黎综合工科学校一男生的名字开始了与高斯的通信往来，讨论高斯刚出版的《算术研究》和其他内容。在 1804 年的战役中，热尔曼家的朋友、炮兵将军佩尔内提（Pernetty）在布伦瑞克把这个冒名的“学生”的真名告诉给了这位大数学家。从未怀疑过这位通信者性别的高斯吃惊不小。他在后来的通信中对这位年轻的法国人的深

> 刻敏慧的心智表示钦佩，由于战争，当时这位德国教授平静的书斋生活被打破，感情上受到了伤害，对我们国家产生了厌恶感，在这种情况下，他对热尔曼的钦佩就越发显得真诚了。[1]

高斯在给热尔曼的一封信中这样写道：

> 当我得知我尊敬的通信者勒布朗先生摇身一变，成为这么一个曾经制造出令人难以置信的杰出摹本的名人时，我如何才能描述我的惊讶和钦佩呢？爱好这门抽象的科学，尤其是数的秘密的人如凤毛麟角：这毫不足怪，因为这门崇高科学只对那些有勇气探究它的人展示其迷人的魅力。而当一位女性在通晓其中的难题时，由于性别以及我们的世俗和偏见，她遭遇了比男性多不知多少的障碍，却要克服这些桎梏，洞察隐秘奥义，她无疑有着最为高贵的勇气、超凡的才能和卓越的天赋。这门科学为我的生命增添了许多快乐，没有什么事情能比你对它的爱好更令人心悦诚服、更确实无疑地证明它的魅力并非子虚乌有。[2]

热尔曼最终成了一代数学名家。

最后，我们讲一个中国明朝科学家徐光启（1562—1633）翻译《几何原本》的故事。

1582 年，意大利耶稣会士利玛窦（Matteo Ricci, 1552—1610）来到中国澳门，带来了他的老师、16 世纪德国著名数学家克拉维斯（C. Clavius, 1537—1612）的《几何原本》十五卷拉丁文评注本。翌年，他来到广东肇庆，1589 年迁居韶州。在韶州，一位名叫瞿太素

---

1 Terquem O. Sophie Germain. *Bulletin de Bibliographie, d'Histoire et de Biographie Mathématiques*, 1860, **6**: 9–12.

2 萨巴 卡尔 . 黎曼博士的零点 . 汪晓勤，等，译 . 上海：上海教育出版社，2008.

图 4-38 利玛窦与徐光启（几内亚比绍，2010）

（1548—1610）的中国人拜他为师，学习西方的数学与天文知识。瞿太素将《几何原本》第一卷译成了中文，可惜未能流传下来。1599 年，利玛窦居留南京。不久，初识上京赶考路过南京的徐光启。1601 年，利玛窦终于实现他孜孜以求的目标——居留北京传教。

1604 年，徐光启第三次进京参加会试，中进士，被选为翰林院庶吉士。此后，他与利玛窦的交往日益频繁。在中国 20 年，利玛窦已经看到中国数学的不足，早已萌发翻译《几何原本》的想法：

> 窦自入中国，窃见为几何之学者，其人与书，信自不乏，独未睹有原本之论。既缺根基，遂难创造。即有斐然述作者，亦不能推明所以然之故。其是者，己亦无从别白；有谬者，人亦无从辨正。当此之时，遽有志翻译此书。[1]

1 利玛窦.《几何原本》序，万历三十五年（1607）. 见：郭书春，主编. 中国科学技术典籍通汇·数学卷（五）. 郑州：河南教育出版社，1993：1151-1154.

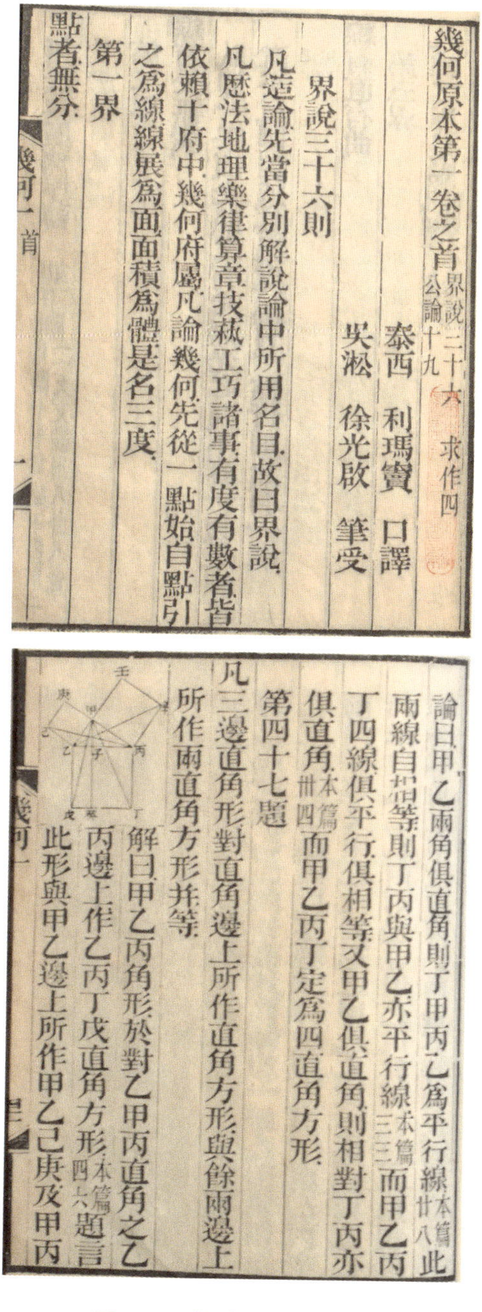

幾何原本第一卷之首 界說三十六 求作四 公論十九

泰西 利瑪竇 口譯

吳淞 徐光啟 筆受

界說三十六則

凡造論先當分別解說論中所用名目故曰界說

凡歷法地理樂律算章技藝工巧諸事有度有數者皆依賴十府中幾何府屬凡論幾何先從一點始自點引之爲線線展爲面面積爲體是名三度

第一界

點者無分

幾何一 首

論曰甲乙兩角俱直角則丁甲丙乙爲平行線本篇廿八此兩線自相等則丁丙與甲乙亦平行線本篇三三而甲乙丙丁四線俱平行俱相等又甲乙俱直角則相對丁丙亦俱直角本篇卅四而甲乙丙丁定爲四直角方形

第四十七題

凡三邊直角形對直角邊上所作直角方形與餘兩邊上所作兩直角方形并等

解曰甲乙丙角形於對乙甲丙直角之乙丙邊上作乙丙丁戊直角方形本篇四六題言此形與甲乙邊上所作甲乙己庚及甲丙

幾何一

图 4-39 《几何原本》书影

然而，要翻译《几何原本》，谈何容易！之前，利玛窦与多位中国人（包括前面提到的瞿太素和一位姓蒋的秀才）的合作均以失败告终："嗣是以来，屡逢志士，左提右挈，而每患作辍，三进三止。"[1]1605年秋，徐光启向利玛窦了解西方的教育情况。说到数学时，利玛窦盛赞《几何原本》之精，又陈述此书汉译之难，还说起昔日译事半途而废的种种经历。徐光启说：

> 吾先正有言："一物不知，儒者之耻。"今此一家已失传，为其学者，皆暗中摸索耳。既遇此书，又遇子不骄不吝，欲相指授，岂可畏劳玩日，当吾世而失之！呜呼，吾避难，难自长大；吾迎难，难自消微。必成之。[2]

其坚定的决心、过人的勇气和强烈的使命感溢于言表。于是，两人口授笔录，焚膏继晷，反复推敲，三易其稿，终于在1607年春把《几何原本》前六卷译完并出版。

我们今天常说："困难像弹簧，你弱它就强。"其实，我们的先哲早就说过这话了。

4.8 美丽错误

千真万确，翻开数学历史的画卷，谬误比比皆是。

从三角形到四边形

古代不同文明的数学文献里都有三角形面积公式的记载，这些记载都正确无误。可是，四边形的情形就不同了。古代埃及和巴比伦祭司用的公式是：一组对边和的一半乘以另一组对边和的一半。这个错

1 利玛窦.《几何原本》序，万历三十五年（1607）. 见：郭书春，主编. 中国科学技术典籍通汇·数学卷（五）. 郑州：河南教育出版社，1993：1151–1154.

2 同上。

误公式也见于中国北周时期数学家甄鸾的《五曹算经》。古代印度数学家婆罗摩笈多类比古希腊数学家海伦的三角形面积公式

$$S_{\triangle ABC}=\sqrt{s(s-a)(s-b)(s-c)}$$

得到一个非常漂亮的四边形面积公式：

$$A=\sqrt{(s-a)(s-b)(s-c)(s-d)} \tag{1}$$

这里，a、b、c、d 为四边长，s 为半周长。但仔细想想，就知道这是个美丽的错误：因为四边形不具有稳定性：同样的四条边，可以组成形状不同、面积不等的四边形。大约两个世纪之后，数学家摩诃毗罗（Mahāvīra, 800—870）仍沿用了这个错误公式。

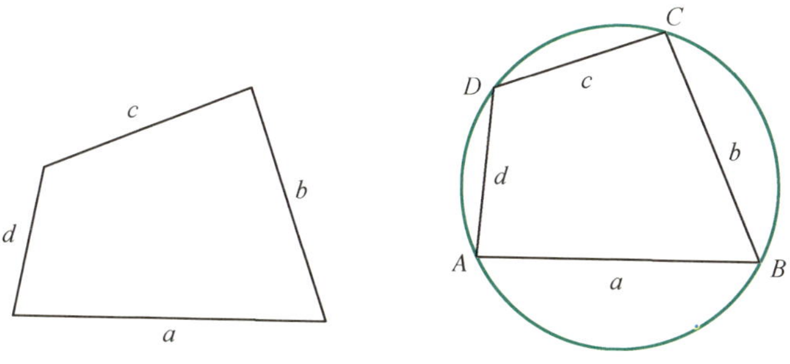

图 4-40　四边形面积

又过了整整三百年，数学家婆什迦罗才意识到公式（1）只适用于圆内接四边形[1]。对于一般四边形，正确的面积公式应为

$$A=\sqrt{(s-a)(s-b)(s-c)(s-d)-abcd\cos^2\frac{A+C}{2}}$$

1　婆什迦罗 . 莉拉沃蒂 . 林隆夫 , 徐泽林，等，译 . 北京：科学出版社，2008: 91–98.

从实数到虚数

众所周知，对于正数 a 和 b，我们有 $\sqrt{a}\cdot\sqrt{b}=\sqrt{ab}$。但对于负数 a 和 b，情形又如何呢？早在 16 世纪，意大利数学家邦贝利（R. Bombelli, 1526—1572）在其《代数学》（1579）中给出了虚数相乘的运算法则。他把 $\sqrt{-a}$ 称作“负之正”（plus of minus），把 $-\sqrt{-a}$ 称作“负之负”（minus of minus）：“负之正乘负之正得负；负之正乘负之负得正；负之负乘负之负得负。”[1] 即

$$(+\sqrt{-1})\cdot(+\sqrt{-1})=-1$$
$$(+\sqrt{-1})\cdot(-\sqrt{-1})=+1$$
$$(-\sqrt{-1})\cdot(-\sqrt{-1})=-1$$

上述运算法则都是正确的。由于早期的数学家们对虚数概念不甚了了，因而这样的运算法则远远没有被普遍理解和接受。这不，欧拉给出如下结果：

$$\sqrt{-1}\cdot\sqrt{-4}=\sqrt{4}=2$$

图 4-41 邹腾

丹麦数学家和数学史家邹腾（H. G. Zeuthen, 1839—1920）在八十华诞接受哥本哈根大学校报采访时，曾谈到他在大学里的一次期末考试。[2] 当时的他觉得数学是一门很简单的科目，所以从不花力气去学。在一次期末考试的口试部分，第一

1 Smith D E. *A Source Book in Mathematics*. New York: Dover Publications, 1959.

2 Kleiman S L. Hieronymus Georg Zeuthen. *Contemporary Mathematics*, 1991, **123**: 1–13.

个问题要求用欧几里得的方法证明勾股定理。自以为靠直觉打天下的邹腾顿时一筹莫展。第二个问题要求计算$\sqrt{-a}\sqrt{-b}$（$a>0, b>0$），他不假思索就给出答案$\sqrt{ab}$，浑然不知课本上已经明明白白地写着答案$-\sqrt{ab}$！这真是一次惨痛的教训，难怪邹腾终生不忘。

从圆到椭圆

椭圆的面积早在公元前 3 世纪就已经为大数学家阿基米德所解决。他在《论劈锥曲面体与球体》(*On Conoids and Spheroids*) 命题 4 中证明：椭圆与它的大辅圆面积之比等于椭圆的短轴与长轴之比。这等价于说：椭圆面积等于 πab。这里 a、b 分别表示椭圆的长半轴和短半轴长。

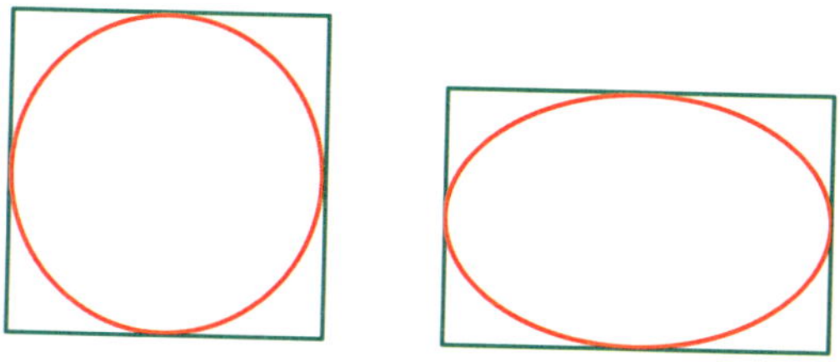

图 4-42　斐波那契的类比

那么，椭圆的周长如何计算呢？我们知道，圆与外切正方形的周长之比等于它们的面积之比，均为 $\pi:4$。13 世纪意大利数学家斐波那契将该结论类比到椭圆的情形[1]：椭圆与外切长方形的周长之比等于它们的面积之比。但椭圆外切长方形面积等于 $2a\times 2b=4ab$，从而根据阿基米德椭圆面积公式可得椭圆和外切长方形面积之比等于 $\pi:4$。而外切长方形周长等于 $2(2a+2b)=4(a+b)$，因此，斐波那契得到椭圆周长为 $\pi(a+b)$。

1　Fauvel J, Maanen J van (Eds.). *History in Mathematics Education*. Dordrecht: Kluwer Academic Publishers, 2000: 91–92.

今天我们都知道椭圆的周长不能用一个简单的公式来表示，斐波那契通过类比得到的公式尽管十分漂亮，但却是错误的。

从特殊到一般

17 世纪，费马曾得到一个后人以其名字命名的定理：如果 n 为素数，a 为任意自然数，那么 a^n-a 是 n 的倍数。上述定理的逆命题是否成立呢？费马之后，研究者数不胜数。莱布尼茨就曾提出：如果 n 不是素数及 1，那么 2^n-2 就不是 n 的倍数。因此，在莱布尼茨看来，当 $a=2$ 时，费马定理的逆命题是成立的：如果 a^n-a 是 n（>1）的倍数，那么 n 必为素数。无独有偶，中国清代数学家李善兰于 1869 年归纳得到了一个判定素数（李善兰称之为“数根”）的方法，伟烈亚力的译文是：

> 用 2 的对数乘已知数，以所得乘积作为对数值，求出相应的真数，从中减去 2。如果余数能被已知数整除，则已知数为素数；否则，它就不是素数。

上述方法简单地说来就是：设 n 为已知自然数，如果 2^n-2 是 n（>1）的倍数，那么 n 是素数，否则 n 就不是素数。

同年，英国来华传教士、著名汉学家伟烈亚力将其英译发表于香港的英文杂志《远东释疑》上，并称之为“中国定理”[1]，相继引起在华西方学者的大讨论[2]。

1819 年，年轻的法国数学家萨吕斯（P. F. Sarrus, 1798—1861）发

---

1 Wylie A. A Chinese theorem. *Notes and Queries on China and Japan*, 1869, **3**: 73.

2 von Gumpach J. A Chinese theorem. *Notes and Queries on China and Japan*, 1869, **3**: 153–154; McGregor W. A Chinese theorem. *Notes and Queries on China and Japan*, 1869, **3**: 167–168; R A J. A Chinese theorem. *Notes and Queries on China and Japan*, 1869, **3**: 179.

现：尽管 $2^{341}-2$ 是 341 的倍数，但 $341=11\times31$ 却是一个合数！萨吕斯的反例彻底否定了莱布尼茨和李善兰的结论。后来，人们又相继发现了更多的反例：561，645，1105，1387，1729，1905，2407，…。

数论中由不完全归纳得到的结论往往并不正确，费马在 1654 年 8 月 29 日写给帕斯卡的讨论概率问题的信中，告诉帕斯卡自己新发现的一个“定理”——形如 $2^{2^n}+1$（n 为非负整数）的正整数都是素数。他写道：2 的平方加 1 为 5，是素数；2 的平方的平方加 1 为 17，是素数；16 的平方加 1 为 257，是素数；256 的平方加 1 为 65537，是素数；如此以至无穷。不过接着他承认，上述“定理”的证明很难，他还没有完全找到。对于费马的“发现”，帕斯卡想必是拍案惊奇、推崇备至的。

谁知道，一个世纪后，欧拉证明了 $n=5$ 时费马所说的数是合数：$F_5=2^{2^5}+1=641\times6700417$，从而证明了费马所谓的“定理”是不成立的。事实上，我们今天知道：对于 $5\leqslant n\leqslant16$，费马数都是合数。

从完美到瑕疵

如果有人要问：上帝为什么用 6 天时间来创造世界？奥古斯丁（A. Augustinus, 354—430）说，那是因为 6 是第一个完美数，6 表示上帝的工作是完美无缺的。所谓“完美数”（perfect number），指的是与自身的所有真因数之和相等的正整数。毕达哥拉斯学派数学家尼可麦丘已经知道前四个完美数：

$$6=1+2+3;$$

$$28=1+2+4+7+14;$$

$$496=1+2+4+8+16+31+62+124+248;$$

$$8128=1+2+4+8+\cdots+4064.$$

尼可麦丘（Nichomachus）发现，一位数、二位数、三位数、四位数中各只有一个完美数。他还断言：完美数的个位上交替出现 6 和 8。大约 200 年之后，数学家杨布利丘（Iamblichus, 3 世纪）进一步断言：在区间 $(10^{n-1}, 10^{n})$（$n=1, 2, 3, \cdots$）中有且只有一个完美数；完美数个位上总是依次交替出现 6 和 8。之后，无数数学家对古希腊数学家的结论深信不疑[1]。

欧几里得在《几何原本》第 9 卷命题 36 给出完美数构成法则：如果数列 1，2，2^2，…，2^{n-1} 的和 $S_n(=2^n-1)$ 为素数，则 $S_n \cdot 2^{n-1}$ 为完美数。15 世纪以后，数学家依据欧几里得定理，相继找到了第 5 ～ 10 个完美数，它们依次为

$2^{12}(2^{13}-1)=33550336$ （德文手稿，15 世纪）；

$2^{16}(2^{17}-1)=8589869056$ （梅森；普雷斯特，17 世纪）；

$2^{18}(2^{19}-1)=137438691328$ （梅森；普雷斯特，17 世纪）；

$2^{30}(2^{31}-1)=2305843008139952128$

（梅森；普雷斯特、费马，17 世纪）；

$2^{60}(2^{61}-1)=2658455991569831744654692615953842176$

（西尔霍夫，1886）；

$2^{88}(2^{89}-1)$ （鲍尔斯，1912）

……………………………………………………………

令人遗憾的是，杨布利丘和他的无数后继者们所坚信的关于完美数的两个结论没有一个是正确的。

1 Dickson L E. *History of the Theory of Numbers* (Vol.1), New York: Chelsea Publishing Company, 1952.

4.9　若干启示

数学人文，清新隽永；陈年佳酿，历久弥香。一次穿越时空的心灵之约，或许会让我们感叹今不如昔，或许会让我们汗颜不已，但更多的却是让我们收获心灵的启迪。

法布尔可以精通代数学，林肯可以精通几何学，拿破仑、加菲尔德和戴高乐可以做数学，这些历史名人的数学轶事告诉我们：一方面，数学训练对一个人事业的成功具有重要帮助；另一方面，数学是人类的一种文化活动，它不是少数人的专好，而是人人可学，人人可做，尽管并非人人都有数学家的才能，就像篮球一样，人人可打，却并非人人都有姚明的天赋一样。

诚如 M. 克莱因所言，通常的数学课程使学生产生这样的错误印象：数学家们“几乎理所当然地从定理到定理，数学家能克服任何困难”[1]。历史上数学家的种种失误、数学发展的曲折艰辛以及司汤达的学习经历告诉我们：数学学习和数学研究都会遭遇困难、挫折、失误和失败。人非圣贤，孰能无过；我非天才，岂能无惑？数学学习中的困难和挫折乃是稀松平常之事，我们没有必要因为暂时的困难、挫折甚至失败而灰心丧气、一蹶不振。

天道酬勤。拉缪斯、约翰·第、徐光启、韦达、热尔曼、华里司、华蘅芳……他们无一不是勤奋的典范。他们的成功告诉我们：用心领悟、精思致力、积微成著，数学学习犹如傍晚之星。

且让我们用先哲的意志来磨砺我们的品性，用先哲的思想来照亮我们前行的脚步，让先哲的精彩人生成为我们一生的精神财富。

1　克莱因　M. 古今数学思想（第二册）. 朱学贤，等，译 . 上海：上海科学技术出版社，1979: vi.

问题研究

4-1. 已知三角形的三边为 a、b 和 c，试证明海伦三角形面积公式 $S=\sqrt{s(s-a)(s-b)(s-c)}$，其中 $s=\frac{1}{2}(a+b+c)$。

4-2. 在四边形 $ABCD$ 中，已知 $\angle A=\alpha$，$\angle C=\beta$，$AB=a$，$BC=b$，$CD=c$，$DA=d$，试推导其面积公式。

4-3. 证明：过圆上一点向圆内接三角形三边作垂线，则三个垂足位于同一条直线（“华里司线”）上。

4-4. 证明：若四直线两两相交，则其所构成四个三角形的外接圆经过同一点（“华里司点”）。

4-5. 1804 年，华里司曾在英国数学杂志《数学文库》上提出如下问题:（1）求作一个三角形，使三边分别等于已知长度，且分别过三个已知点;（2）三角形的底边长已知，一个底角是另一底角的两倍，求顶点的轨迹;（3）已知 $\cos\varphi+\cos\psi=a$，$\cos5\varphi+\cos5\psi=b$，求 $\cos\varphi$ 和 $\cos\psi$;（4）设 a、b 和 c 为三角形三边，$a+b+c=A$，$a^2+b^2+c^2=B$，$a^3+b^3+c^3=C$，求该三角形的面积。试分别解上述问题。

4-6. 试证明拿破仑三角形为正三角形。

4-7. 只用圆规将半径为 R 的已知圆四等分。

4-8. 只用圆规找出已知圆的圆心。

4-9. 证明：若 n 为素数，则 2^n-2 能被 n 整除。

参考文献

[1] Alberti L B. *On Painting*. Cambridge: Cambridge University Press, 2011.

[2] Ball W W R. *Mathematical Recreations and Essays*. London: Macmillan, 1956.

[3] Boulet G. On the essence of multiplication. *For the Learning of Mathematics*, 1998, 18 (3): 12–18.

[4] 波耶 C B. 微积分概念史 . 上海师范大学数学系翻译组，译 . 上海：上海人民出版社，1977.

[5] Braun M. *Differential Equations and Their Applications: An Introduction to Applied Mathematics*. New York: Springer-Verlag, 1992.

[6] Cajori F. *A History of Elementary Mathematics*. New York: The Macmillan Company, 1917.

[7] Carr W. *Introduction or Early History of Bees and Honey*. Salford: J. Roberts Printer, 1880.

[8] 卡洛尔 . 爱丽丝漫游奇境记 . 贾文浩，译 . 北京：北京燕山出版社，2001.

[9] Crowley M L, Dunn K A. On multiplying negative numbers. *Mathematics Teacher*, 1985, 78: 252–256.

[10] 陈志华 . 外国建筑史 . 北京：中国建筑工业出版社，1999.

[11] 柯南道尔 . 福尔摩斯侦探故事全集（上）. 程君，等，译 . 广州：新世纪出版社，2000.

[12] Cook T A. *The Curves of Life*. London: Constable and Company, 1914.

[13] Cournot A A. *Recherches sur les Principes Mathématiques de la Théorie des Richesses*. Paris: Chez L. Hachette, 1838.

[14] 达尔文 . 物种起源 . 周建人，等，译 . 北京：商务印书馆 , 2010.

[15] 狄更斯 . 艰难时世 . 全增嘏 , 胡文淑，译 . 上海：上海译文出版社，2008.

[16] 迪特里希 . 拿破仑的金字塔 . 吴晓妹，等，译 . 上海：上海文艺出版社，2010.

[17] Dostoevsky F. *The Brothers Karamazov*. Translated by Garnett C. http://www. ccel.org/ d/ dostoevsky/ karamazov/ karamazov. html.

[18] Dudley U. What to do when the trisector comes. *The Mathematical Intelligencer*, 1983, 5(1): 20–25.

[19] 爱德华 C H. 微积分发展史 . 张鸿林，译 . 北京：北京出版社，1987.

[20] 法布尔 . 昆虫记（卷八）. 鲁京明，梁守锵，等，译 . 广州：花城出版社，2001.

[21] 凡尔纳 . 神秘岛 . 杨苑，等，译 . 南京：译林出版社，2008.

[22] Fauvel J, Gray J. *The History of Mathematics: A Reader*. Hampshire:

Macmillan Education, 1987.

[23] Fauvel J. Using history in mathematics education. *For the Learning of Mathematics*, 1991, 11(2): 3–6.

[24] Fauvel J, van Maanen J. *History in Mathematics Education*. Dordrecht: Kluwer Academic Publishers, 2000.

[25] 斐波那契 . 计算之书 . 纪志刚，等，译 . 北京：科学出版社，2008.

[26] 伽莫夫 . 从一到无穷大 . 暴永宁，译 . 北京：科学出版社，2002.

[27] 乔尔达诺 . 质数的孤独 . 文铮，译 . 上海：上海译文出版社，2008.

[28] Gotze H. Friederich II and the love of geometry. *Mathematical Intelligencer*, 1995, 17(4): 48–57.

[29] 郭书春 . 中国科学技术典籍通汇・数学卷 (1–5). 郑州：河南教育出版社，1994.

[30] Graham M. President Garfield and the Pythagorean theorem. *Mathematics Teacher*, 1976, 69(12): 686–687.

[31] Grattan-Guinness I. *Companion Encyclopedia of the History and Philosophy of Mathematical Sciences*. London: Routledge, 1994.

[32] Heath T L. *A History of Greek Mathematics*. London: Oxford University Press, 1921.

[33] 华蘅芳 . 学算笔谈（卷五）. 光绪二十三年（1897）味经刊书处刊本 .

[34] Huntley H E. *The Divine Proportion*. New York: Dover Publications, 1970: 64.

[35] Jackson J. *Rational Amusement for Winter Evenings*. London: Longman, etcs, 1821: 33–34.

[36] Jevons W S. *The Theory of Political Economy*. London: Macmillan &

Co, 1871.

[37] 伽亚谟 . 鲁拜集 . 郭沫若，译 . 北京：中国社会科学出版社，2003.

[38] 金庸 . 射雕英雄传 . 广州：花城出版社，2008.

[39] 克莱因 M. 古今数学思想（第二册）. 朱学贤，等，译 . 上海：上海科学技术出版社，1979.

[40] 克莱因 M. 西方文化中的数学 . 张祖贵，译 . 上海：复旦大学出版社，2005.

[41] Katz V. *Using History to Teach Mathematics.* Washington: Mathematical Association of America, 2000.

[42] Koblitz A H. *A Convergence of Lives—Sofia Kovalevskaia: Scientist, Writer, Revolutionary.* Boston: Birkhäuser, 1983.

[43] 刘钝 . 大哉言数 . 沈阳：辽宁教育出版社，1993.

[44] Livio M. *The Golden Ratio: The History of Phi, The World's Most Astonishing Number.* New York: Broadway Books, 2002.

[45] Locke W J. *Morals of Marcus Ordeyne.* New York: Grosset & Dunlap publishers, 1906.

[46] 路德维希 . 拿破仑 . 钱质熵，译 . 沈阳：万卷出版公司，2009.

[47] Maor E. *The Pythagorean Theorem: A 4000-year History.* Princeton: Princeton University Press, 2007.

[48] Maynard J. Napoleon's Waterloo wasn't mathematics. *Mathematics Teacher*, 1989, 82 (11): 648–654.

[49] 米哈伊里迪斯 . 毕达哥拉斯谜案 . 姚人杰，译 . 北京：新星出版社，2010.

[50] McClenon R B. A contribution of Leibniz to the history of complex numbers. *American Mathematical Monthly*, 1923, 30: 369–374.

[51] Miller G A. *Historical Introduction to Mathematical Literature*. New York: The Macmillan Company, 1927: 38–39.

[52] De Morgan A. *A Budget of Paradoxes*. Chicago: The Open Publishing Co, 1915.

[53] Nahin P J. *An Imaginary Tale: The Story of* $\sqrt{-1}$. Princeton: Princeton University Press, 1998.

[54] Newman J R. (ed.). *The World of Mathematics* (Vol.4). New York: Simon and Schuster, 1956.

[55] Neugebauer O. *The Exact Sciences in Antiquity*. New York: Dover Publications, 1969.

[56] Paton W R. *The Greek Anthology with an English Translation by* (Vol. V). Cambridge: Harvard University Press, 1979: 27–107.

[57] Poe E A. The Murders in the Rue Morgue. *Graham's Magazine*, 1841, 18: 166–179.

[58] Poe E A. The Mystery of Marie Roget. http://www.pinkmonkey.com/dl/library1/roget.pdf.

[59] Poe E A. The Gold-Bug. *Dollar Newspaper*, vol. I, no. 23, June 28, 1843.

[60] Posamentier A S, Lehmann I. *Pi: A Biography of the World's Most Mysterious Number*. New York: Prometheus Books, 2004.

[61] 婆什迦罗 . 莉拉沃蒂 . 林隆夫 , 徐泽林，等，译 . 北京：科学出版社，2008: 91–98.

[62] Priestley M. *Calculus: An Historical Approach*. New York: Springer-Verlag, 1979.

[63] Quiller-Couch A. A new ballad of Sir Patrick Spens. *Mathematics*

Teacher, 1955(1): 30–32.

[64] Robson E. Three old Babylonian methods for dealing with 'Pythagorean triangles'. *Journal of Cuneiform Studies*, 1997, 49: 51–72.

[65] 萨巴．黎曼博士的零点．汪晓勤，等，译．上海：上海教育出版社，2006.

[66] 萨顿．科学史与新人文主义．陈恒六，等，译．上海：上海交通大学出版社，2007.

[67] 萨顿．科学的历史研究．陈恒六，等，译．上海：上海交通大学出版社，2007.

[68] Selin H. *Mathematics Across Cultures: the History of Non-Western Mathematics*. Dordrecht: Kluwer Academic Publishers, 2000.

[69] 沈康身．历史数学名题赏析．上海：上海教育出版社，2002.

[70] Smith D E. *The Teaching of Geometry*. Boston: Ginn and Company, 1911.

[71] Smith D E. *History of Mathematics* (Vol. I) . Boston: Ginn and Company, 1923.

[72] Smith D E. *A Source Book in Mathematics*. New York: Dover Publications, 1959.

[73] Smith D E, Ginsburg J. *Numbers and Numerals: A Story Book for Young and Old*. New York: Bureau of Publications, Teachers College, Columbia University, 1937.

[74] 斯丹达尔．斯丹达尔自传．周光怡，译．南京：江苏文艺出版社，1998.

[75] 斯威夫特．格列佛游记．张健，译．北京：人民文学出版社，1979.

[76] Thompson D'Arcy. *On Growth and Form*. Cambridge: Cambridge University Press, 1917.

[77] 托尔斯泰 . 战争与和平 . 周煜山，译 . 北京：北京燕山出版社，2001.

[78] Viète F. *Opera Mathematica*. Lugduni Batavorum: Officina Bonaventurae & Abrahami Elzevioiorum, 1646.

[79] Walton K D. Albrecht Durer's Renaissance connections between mathematics and art. *Mathematics Teacher*, 1994 (4): 278–282.

[80] 汪晓勤 . 祖冲之圆周率在西方的历史境遇 . 自然杂志 , 2000, 22 (5): 300–304.

[81] 汪晓勤 . 一种中世纪的数字棋 . 科学，2001, 53 (6): 57–59.

[82] 汪晓勤 . 圆周率议案始末 . 中学数学教学参考 , 2003(9): 62–64.

[83] 汪晓勤 , 赵红琴 . 阿基米德与圆周率 . 数学教学 , 2004(1): 39–41.

[84] 汪晓勤 . 一卷永不过期的数学狂怪档案 . 自然辩证法研究 , 2004, 20(9): 86–89.

[85] 汪晓勤 . 数学与诗歌：历史寻踪 . 自然辩证法通讯，2006, 28 (3): 16–21.

[86] 汪晓勤 . 相似三角形的应用：从历史到课堂 . 中学数学教学参考，2007(9): 54–55.

[87] 汪晓勤 . 全等三角形的应用：从历史到课堂 . 中学数学教学参考，2008 (10): 55–57.

[88] 汪晓勤 . 绝版议案 . 科学，2008, 60 (3): 1–2.

[89] 汪晓勤 . 从巴比伦祭司到达芬奇 . 中学数学教学参考 , 2009 (1–2): 131–133.

[90] 汪晓勤 . 数学与建筑 . 中学数学教学参考，2009 (7): 68–70.

[91] 汪晓勤 . 用字母表示数的历史 . 数学教学，2011 (9): 24–27.
[92] 汪晓勤，陈慧 . 华里司：自学成才的数学家、欧洲大陆微积分的早期传播者 . 自然辩证法通讯，2010, 32 (6): 97–105.
[93] 王蒙 . 王蒙自述：我的人生哲学 . 北京：人民文学出版社，2003.
[94] 王韬 . 王韬日记 . 北京：中华书局，1987.
[95] Weyl H. *Symmetry.* Princeton: Princeton University Press, 1952.
[96] Wilson R. *Lewis Carroll in Numberland: His Fantastical Mathematical Logical Life.* New York: W. W. Norton & Company, 2008.
[97] Wursthorn P A. The Position of Thomas Carlyle in the History of Mathematics. *Mathematics teacher,* 1966, 70: 755–770.
[98] 辛格 . 费马大定理 . 薛密，译 . 上海：上海译文出版社，1998.
[99] 徐迟 . 哥德巴赫猜想 . 人民文学，1978(1): 53–68.
[100] 赵瑶瑶，汪晓勤 . 邹腾：19 世纪数学史家、丹麦数学的先驱者 . 自然辩证法通讯，2007, 29 (3): 76–84.